中1理科

◆登場キャラクター◆

理人（りひと）
飼育係の男の子。
動物や植物は大好き
だが，理科がニガテ。

ととまる
学校で飼っているうさぎ。
毎日自然にふれているうちに
理科にくわしくなった。

→ここから読もう！

1章 生物の特徴と分類

2章 身のまわりの物質

3章 光・音・力

4章 大地の変化

本書の使い方

中学1年生は…

テスト前の学習や，授業の復習として使おう!

中学2・3年生は…

中学１年の復習に。
苦手な部分をこれで解消!!

左の まとめページ と，右の 問題ページ で構成されています。

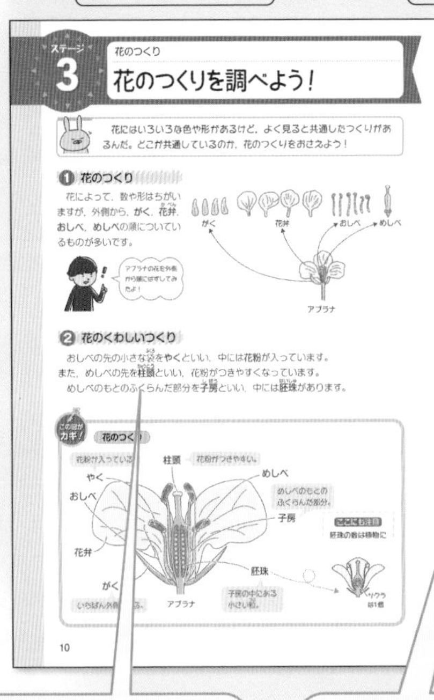

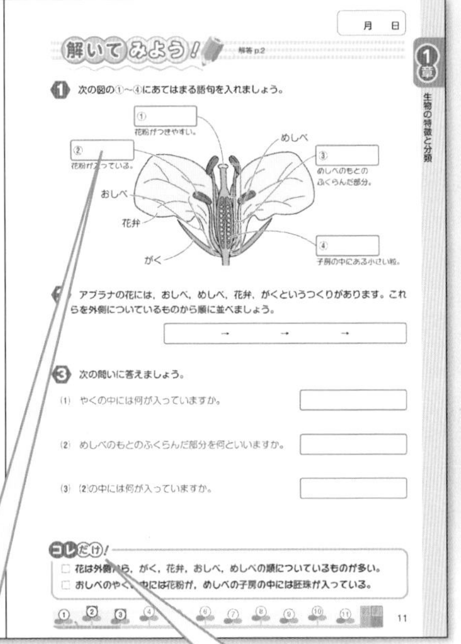

重要用語
この単元で重要な用語を赤字にしているよ。

解いてみよう!
まずは，穴うめで左ページのことを確認しよう。

コレだけ!
これだけは覚えておきたいポイントをのせているよ。

確認テスト
章の区切りごとに「確認テスト」があります。
テスト形式なので，学習したことが身についたかチェックできます。

章末「ととまるのプラス1ページ」
知っておくと便利なプチ情報です。
この内容も覚えておくとバッチリ!

別冊解答
解答は本冊の縮小版になっています。

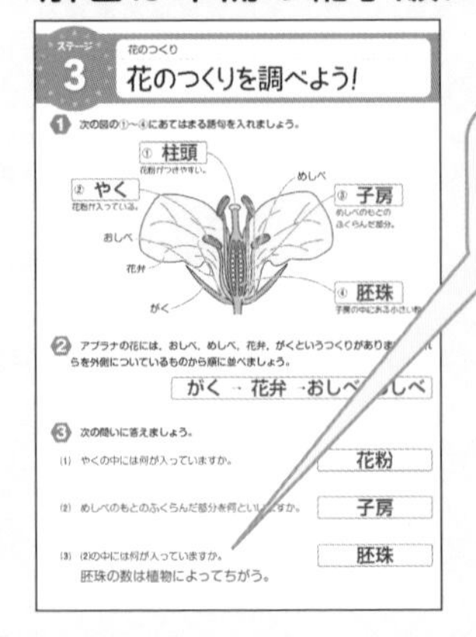

赤字で解説を入れているよ。

1章 生物の特徴と分類

わたしたちの身のまわりの植物や動物のつくりは，どのようなところが同じで，どのようなところがちがうのだろう？

学校のまわりや花だんを調べて，植物や動物のからだの特徴を見つけよう！

ステージ 1

身近な生物の観察

身のまわりの生物を観察しよう!

春になると，きれいな花がさいたり動物が活発に動き出したりするね。身のまわりの生物を観察する方法を見ていこう！

1 ルーペの使い方

野外で小さな生物を観察するときには，持ち運びしやすい**ルーペ**を使います。

この図がカギ！

ルーペの使い方

● 観察するものが動かせるとき

ルーペを目に近づけて持ち，観察するものを前後に動かしてピントを合わせる。

● 観察するものが動かせないとき

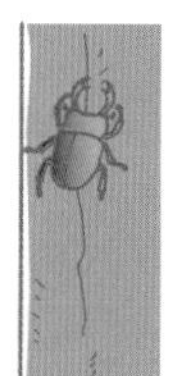

ルーペを目に近づけて持ち，顔を前後に動かしてピントを合わせる。

2 スケッチのしかた

スケッチは，目的とするものだけを**細い線**ではっきりとかき，**観察した日**や**天気**，気づいたことなども記録します。

重ねがきをしたり，ぬりつぶしたり，影（かげ）をつけたりしてはいけません。

タンポポの1つの花

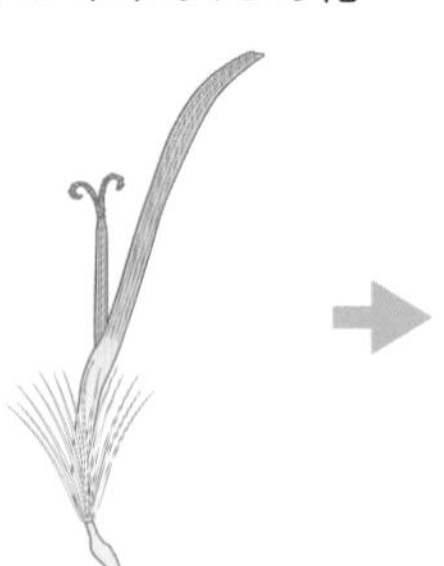

○ よい例

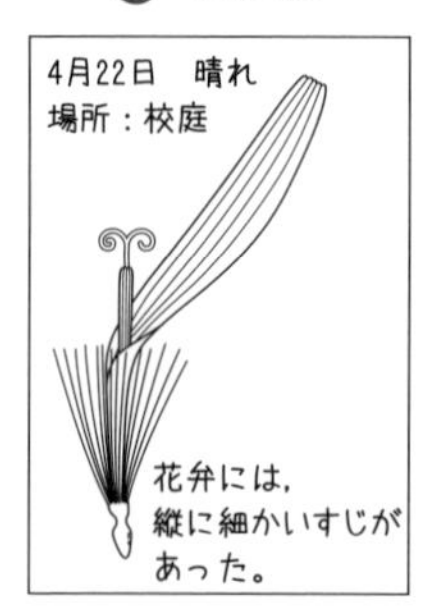

× 悪い例

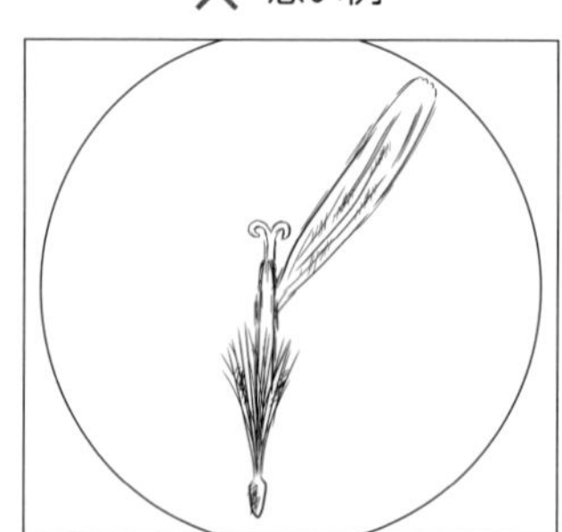

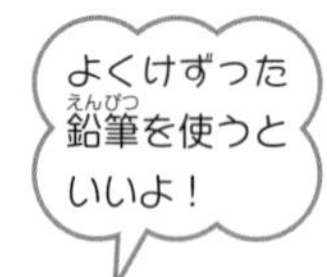

解答 p.2

1 ルーペの使い方を示す次の図の①～④にあてはまる語句を入れましょう。

●観察するものが動かせるとき

ルーペを目に ①＿＿＿＿ 持つ。

②＿＿＿＿ を前後に動かしてピントを合わせる。

●観察するものが動かせないとき

ルーペを目に ③＿＿＿＿ 持つ。

④＿＿＿＿ を前後に動かしてピントを合わせる。

2 次の(1)～(4)のスケッチのしかたについて，正しいものには○，まちがっているものには×をつけましょう。

(1) 目的のもの以外にも，まわりに見えたものがあればかく。 ［　］

(2) 観察した日や天気なども記録する。 ［　］

(3) 先の丸い鉛筆を使って，太い線ではっきりとかく。 ［　］

(4) 細い線でかき，ぬりつぶしたり，影をつけたりしない。 ［　］

3 ルーペを使うときにしてはいけないことを答えましょう。

［　　　　　　　　］

コレだけ！

□ ルーペは目に近づけて持ち，観察するものや顔を前後に動かして観察する。

□ スケッチは，細い線で，影をつけずにはっきりとかく。

ステージ 2

顕微鏡の使い方

顕微鏡を使ってみよう！

小さな生き物を観察するときに使われる顕微鏡。顕微鏡の各部分の名称と使い方を覚えよう！

この図がカギ！

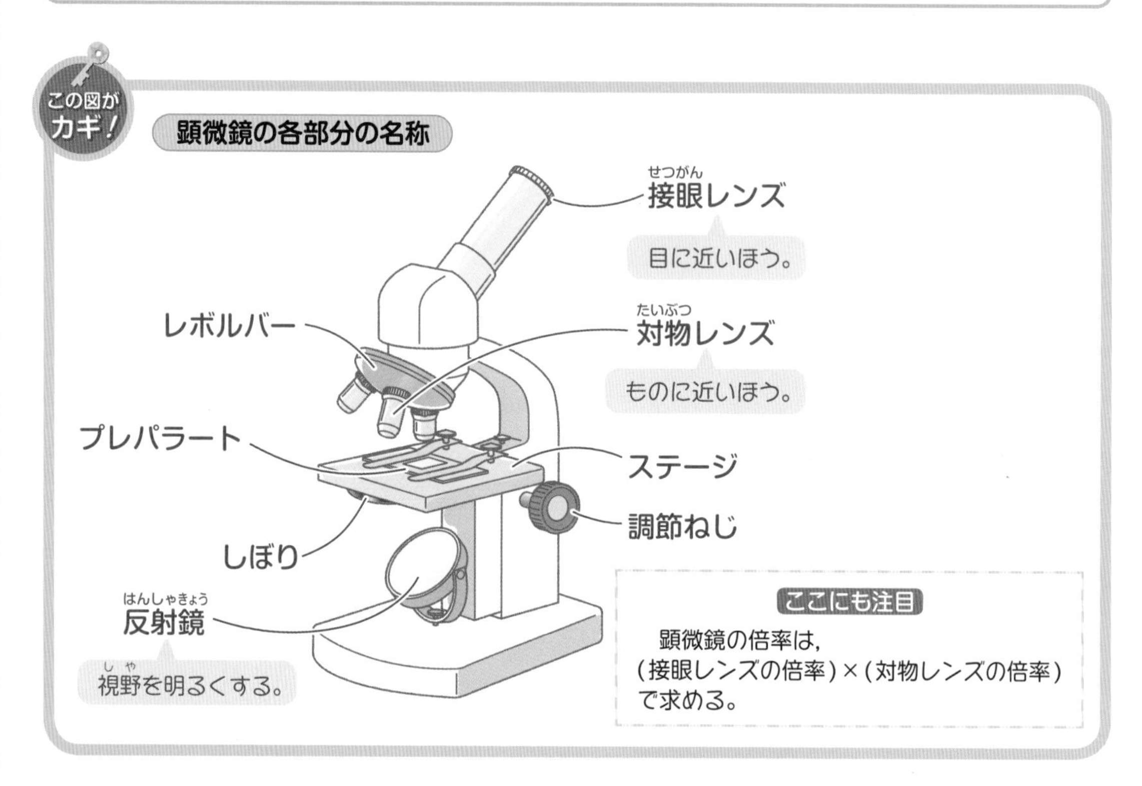

1 顕微鏡の使い方

①接眼レンズ，対物レンズの順にレンズをとりつける。
②反射鏡を動かし，視野を明るくする。
③プレパラートをステージにのせる。
④真横から見ながら，調節ねじを回してプレパラートと対物レンズを**近づける**。
⑤接眼レンズをのぞいて，プレパラートと対物レンズを**遠ざけながら**ピントを合わせる。
⑥しぼりを回して，見たいものがはっきり見えるように調節する。

④で，真横から見ながら近づけるのは，プレパラートと対物レンズがぶつからないようにするためだね！

2 顕微鏡で観察できる小さな生物

顕微鏡を使うと，池や水そうなどの水の中の小さな生物を観察することができます。

ミジンコ

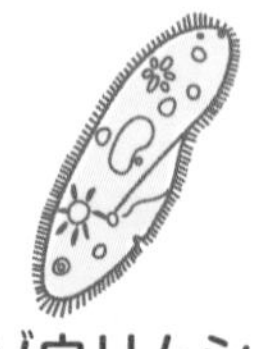
ゾウリムシ

ミカヅキモ

解答 p.2

1 次の図の①～④にあてはまる語句を入れましょう。

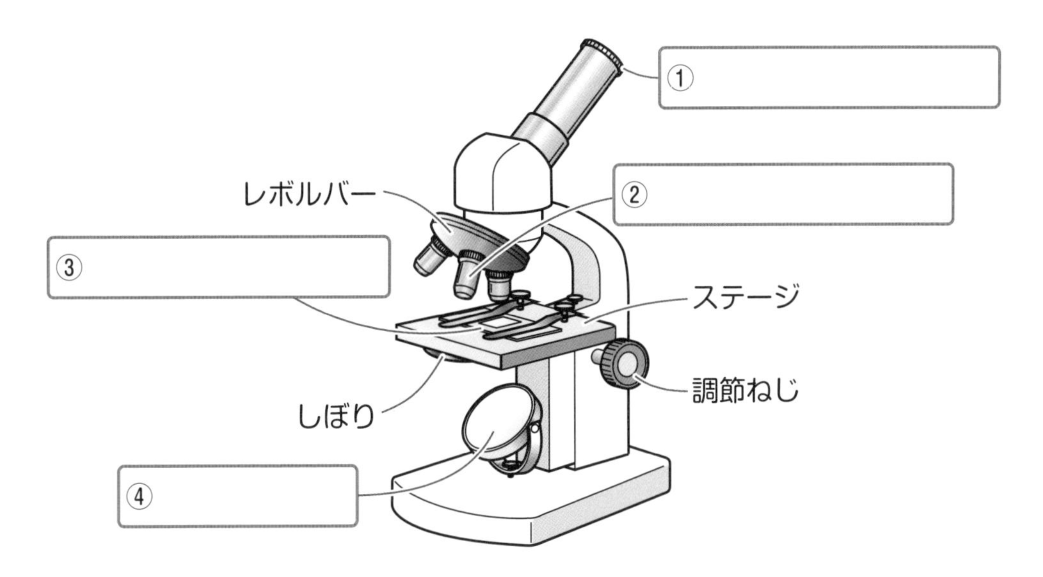

2 次のA～Fを顕微鏡の使い方として正しい順に並べましょう。ただし，Aをはじめとします。

A　接眼レンズ，対物レンズの順にレンズをとりつける。
B　しぼりを回して，見たいものがはっきり見えるように調節する。
C　真横から見ながら，調節ねじを回してプレパラートと対物レンズを近づける。
D　プレパラートをステージにのせる。
E　接眼レンズをのぞき，プレパラートと対物レンズを遠ざけながらピントを合わせる。
F　反射鏡を動かし，視野を明るくする。

3 次の①，②の生物をそれぞれ何といいますか。

①
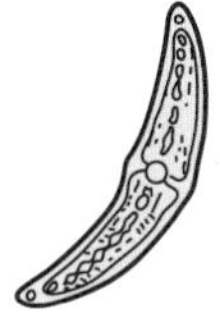

②
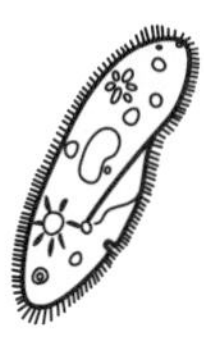

①

②

コレだけ！

□ 顕微鏡のレンズには接眼レンズと対物レンズがある。
□ 顕微鏡のピントは，プレパラートと対物レンズを遠ざけながら合わせる。

ステージ 3

花のつくり

花のつくりを調べよう！

花にはいろいろな色や形があるけど，よく見ると共通したつくりがあるんだ。どこが共通しているのか，花のつくりをおさえよう！

1 花のつくり

花によって，数や形はちがいますが，外側から，**がく**，**花弁**(かべん)，**おしべ**，**めしべ**の順についているものが多いです。

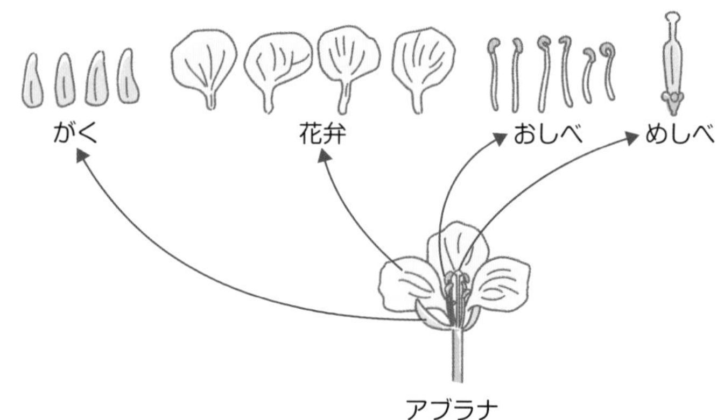

2 花のくわしいつくり

おしべの先の小さな袋(ふくろ)を**やく**といい，中には**花粉**が入っています。
また，めしべの先を**柱頭**(ちゅうとう)といい，花粉がつきやすくなっています。
めしべのもとのふくらんだ部分を**子房**(しぼう)といい，中には**胚珠**(はいしゅ)があります。

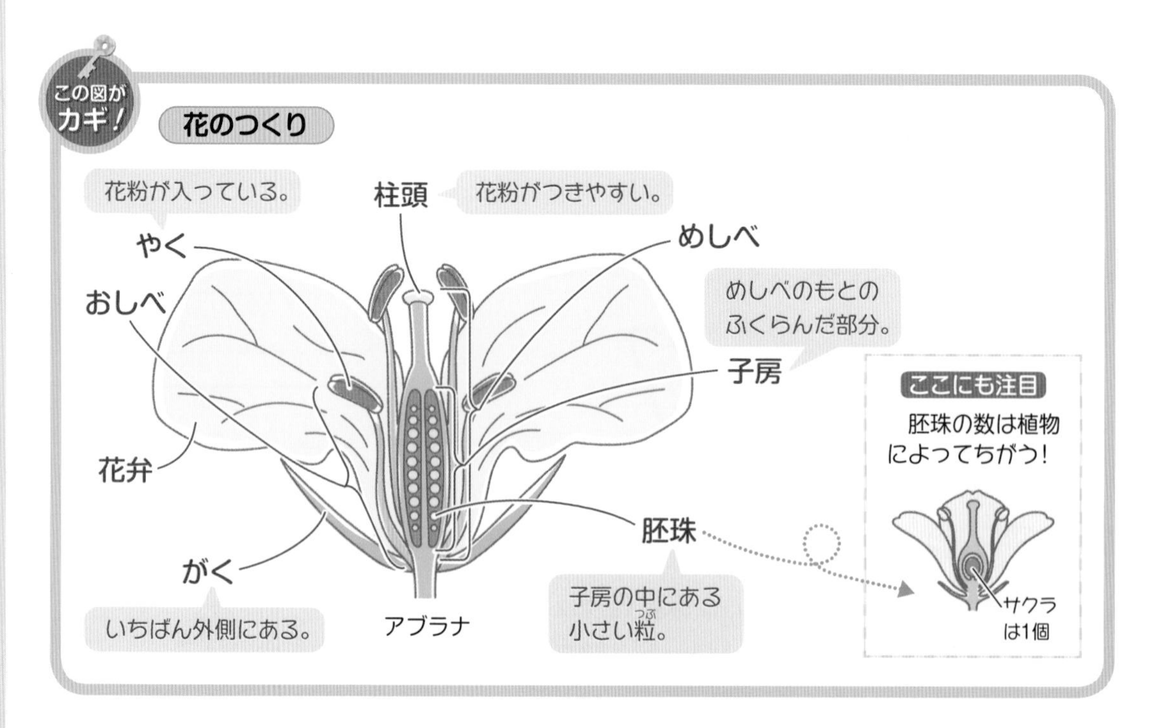

月　日

解いてみよう！

解答 p.2

1 次の図の①～④にあてはまる語句を入れましょう。

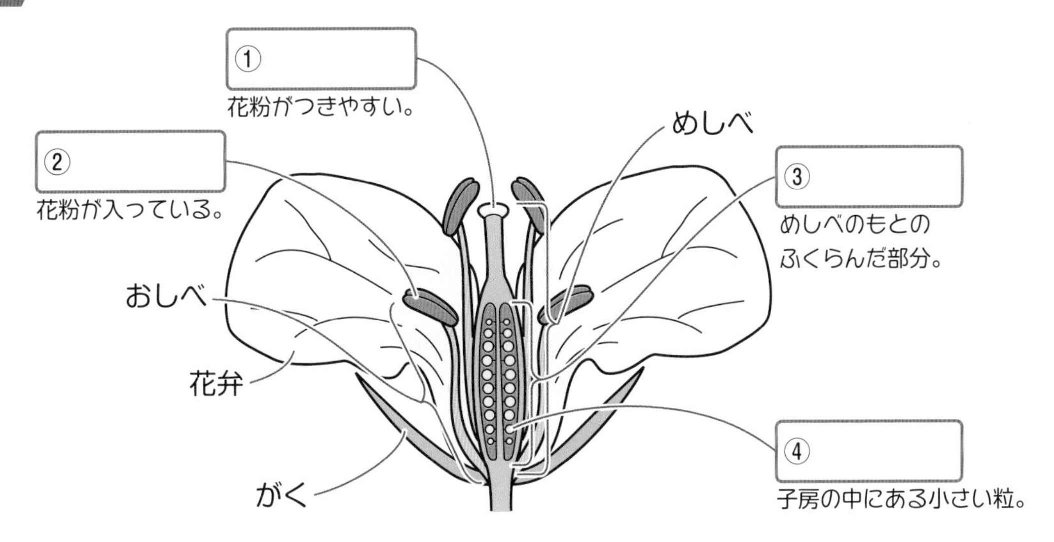

2 アブラナの花には，おしべ，めしべ，花弁，がくというつくりがあります。これらを外側についているものから順に並べましょう。

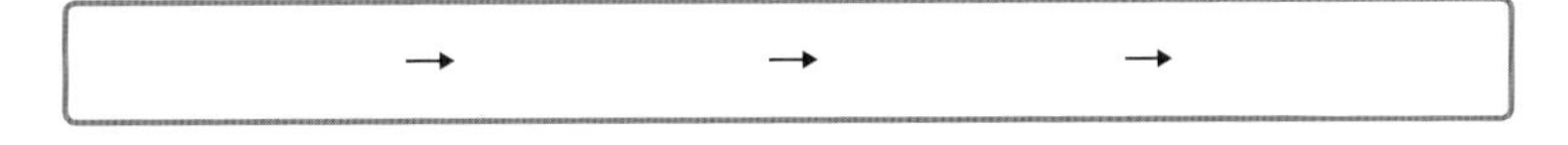

3 次の問いに答えましょう。

(1) やくの中には何が入っていますか。

(2) めしべのもとのふくらんだ部分を何といいますか。

(3) (2)の中には何が入っていますか。

コレだけ！

- □ 花は外側から，がく，花弁，おしべ，めしべの順についているものが多い。
- □ おしべのやくの中には花粉が，めしべの子房の中には胚珠が入っている。

ステージ 4

花のはたらき

花のはたらきを覚えよう！

花弁(かべん)が散ると，果実(かじつ)ができて，その果実の中には種子(しゅし)があったよ。果実や種子はどうやってできたのか見ていこう！

1 受粉(じゅふん)

花粉がめしべの先にある**柱頭**(ちゅうとう)につくことを**受粉**といいます。

受粉したあとは どうなるのかな？

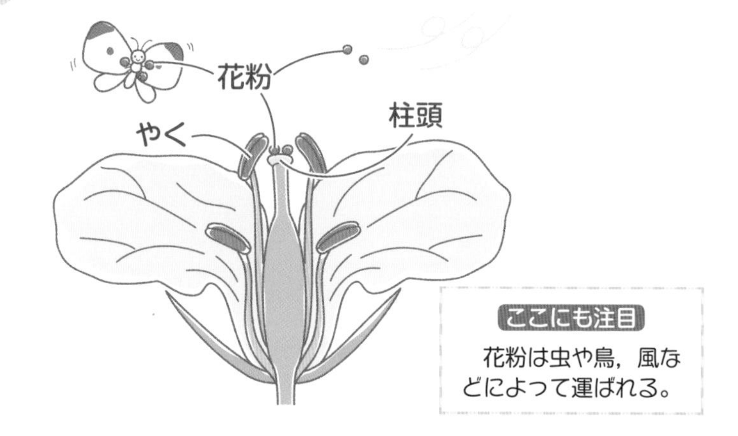

ここにも注目

花粉は虫や鳥，風などによって運ばれる。

2 果実と種子のでき方

受粉すると，めしべのもとにある**子房**(しぼう)は**果実**になります。また，子房の中にある**胚珠**(はいしゅ)は**種子**になります。

種子をつくってふえる植物を**種子植物**(しゅししょくぶつ)といいます。

この図がカギ！

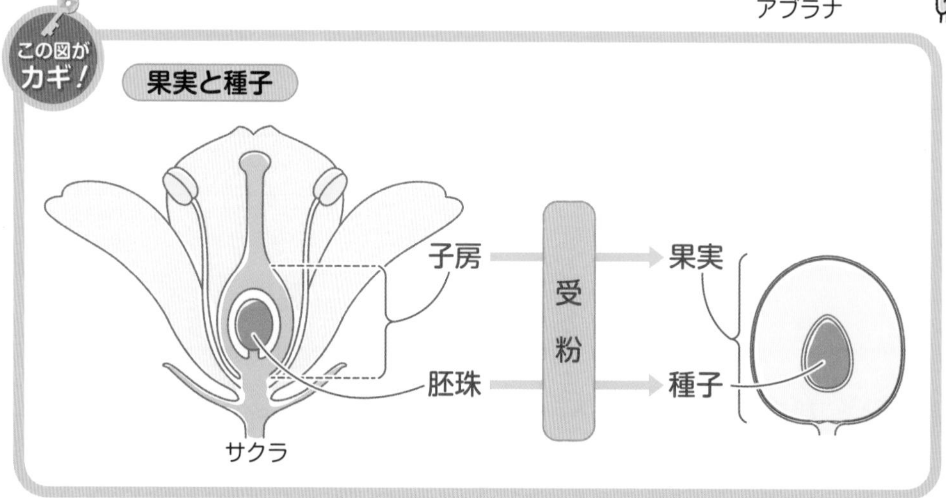

解答 p.2

1 次の図の①～④にあてはまる語句を入れましょう。

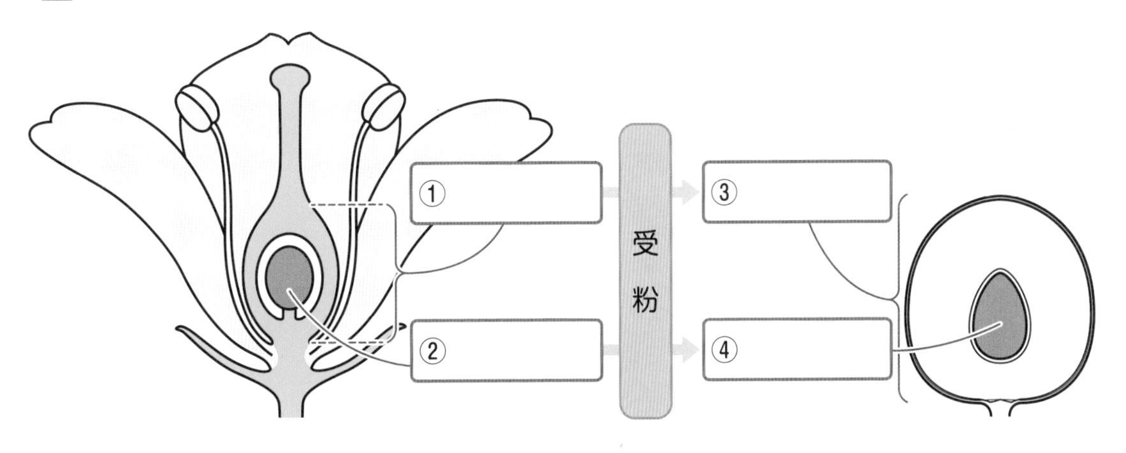

2 次の問いに答えましょう。

(1) めしべの先にある柱頭に，花粉がつくことを何といいますか。

(2) 受粉が起こると，子房は成長して何になりますか。

(3) 受粉が起こると，胚珠は成長して何になりますか。

(4) 種子をつくってふえる植物を何といいますか。

コレだけ！

- □ めしべの先にある柱頭に花粉がつくことを**受粉**という。
- □ 受粉のあと，子房は成長して**果実**になり，胚珠は成長して**種子**になる。

ステージ 5

マツの花のつくり

マツの花を調べよう！

植物の中には，マツやイチョウのように果実(かじつ)ができないものがあるんだ。果実ができない植物の花を調べてみよう！

1 マツの花のつくり

マツの花は，雌花(めばな)と雄花(おばな)に分かれています。
雌花のりん片(ぺん)には，**胚珠**(はいしゅ)がむき出しでついています。
また，雄花のりん片には，**花粉のう**がついていて，中には花粉が入っています。

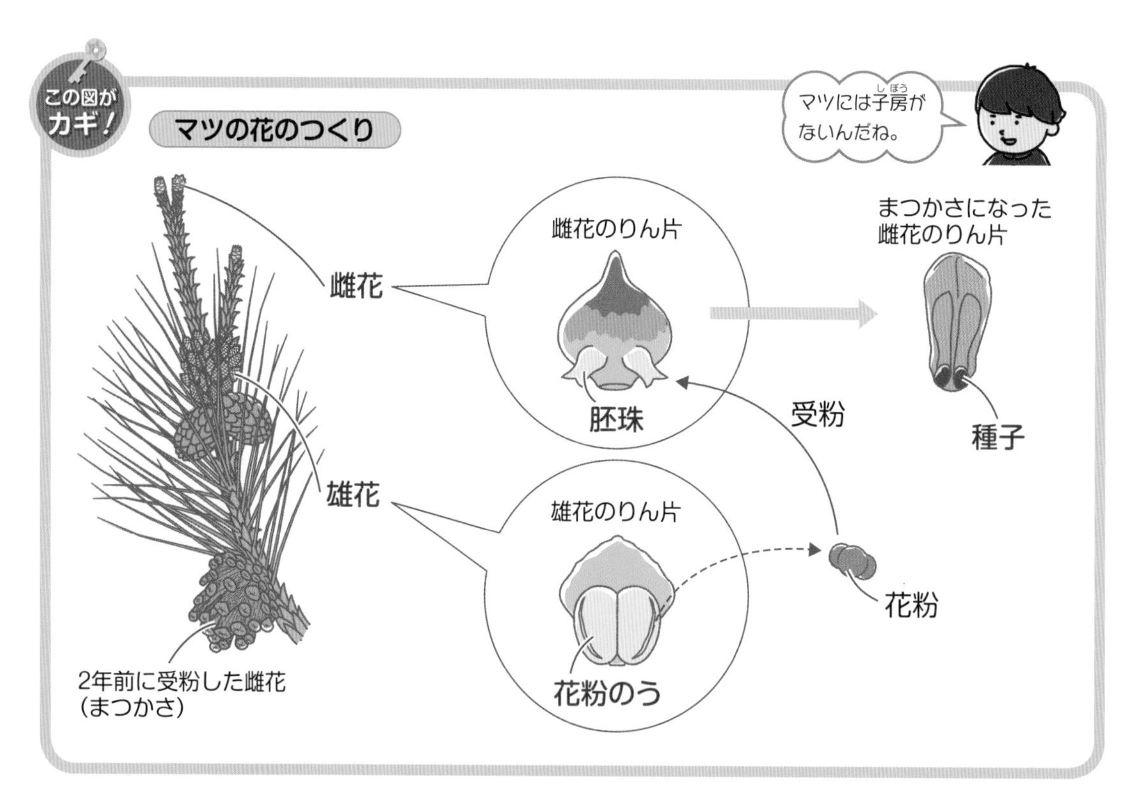

花粉が雌花の胚珠につくと，受粉が起こります。
すると，雌花はまつかさになり，胚珠は**種子**(しゅし)になります。

2 種子をつくる植物のなかま分け

マツのように，子房がなく，胚珠がむき出しになっている植物を**裸子植物**(らししょくぶつ)といいます。

種子植物
- **被子植物**(ひししょくぶつ)…胚珠が子房の中にある。
- **裸子植物**…胚珠がむき出しになっている。

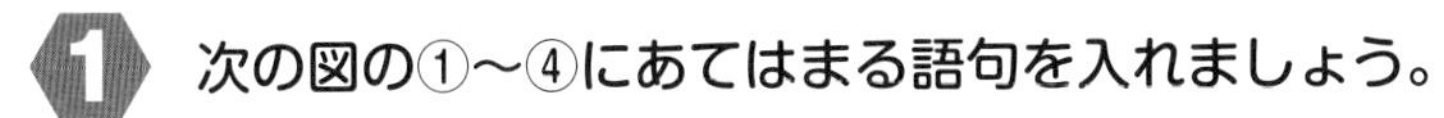

解答 p.3

1 次の図の①～④にあてはまる語句を入れましょう。

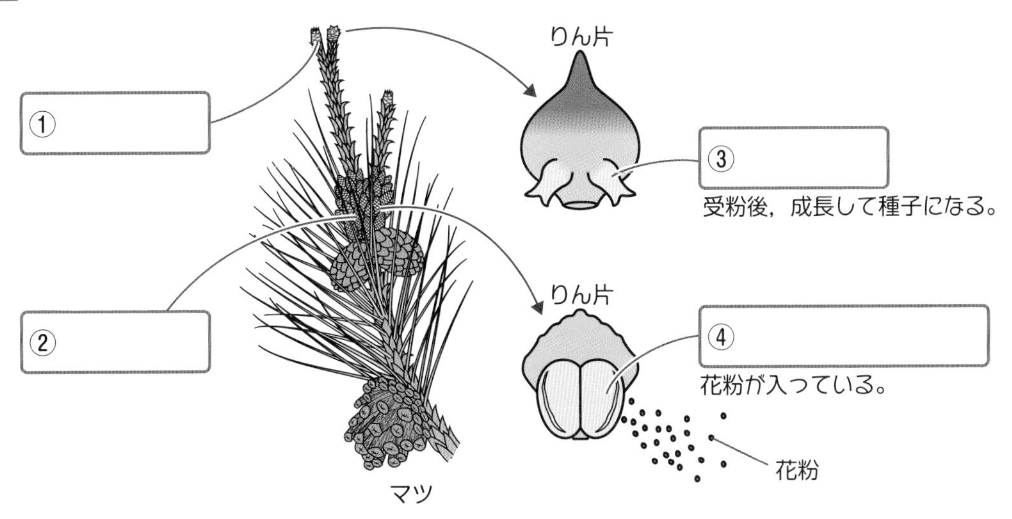

2 次の問いに答えましょう。

(1) マツの花のりん片に胚珠があるのは，雌花，雄花のどちらですか。

(2) マツの花のりん片にある，花粉が入っている袋(ふくろ)を何といいますか。

(3) マツの花のりん片にある胚珠は，受粉後成長して何になりますか。

3 次の問いに答えましょう。

(1) 種子植物のうち，胚珠が子房の中にある植物のなかまを何といいますか。

(2) 種子植物のうち，胚珠がむき出しになっている植物のなかまを何といいますか。

コレだけ！

- □ **マツの花の雌花のりん片には胚珠が，雄花のりん片には花粉のうがある。**
- □ **種子植物は，被子植物と裸子植物に分けられる。**

ステージ 6

根・葉のつくり

根・葉のようすを調べよう！

土の中に広がる植物の根にはどんなはたらきがあるのかな？また，根や葉のすじのようすは植物によってちがうのか見てみよう！

1 根のつくり

被子植物(ひししょくぶつ)の根には，次の２種類があります。

- **主根**(しゅこん)とそこから枝分かれした**側根**(そっこん)からできているもの。
- **ひげ根**(ね)からできているもの。

ここにも注目

根の先端(せんたん)付近からは細い毛のような根毛が生えている。

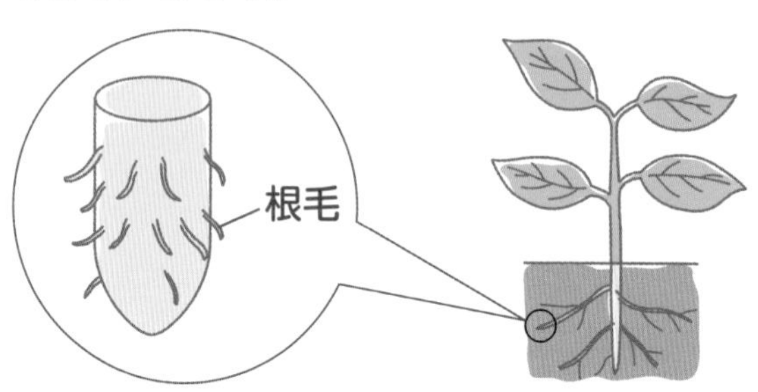

この図がカギ！

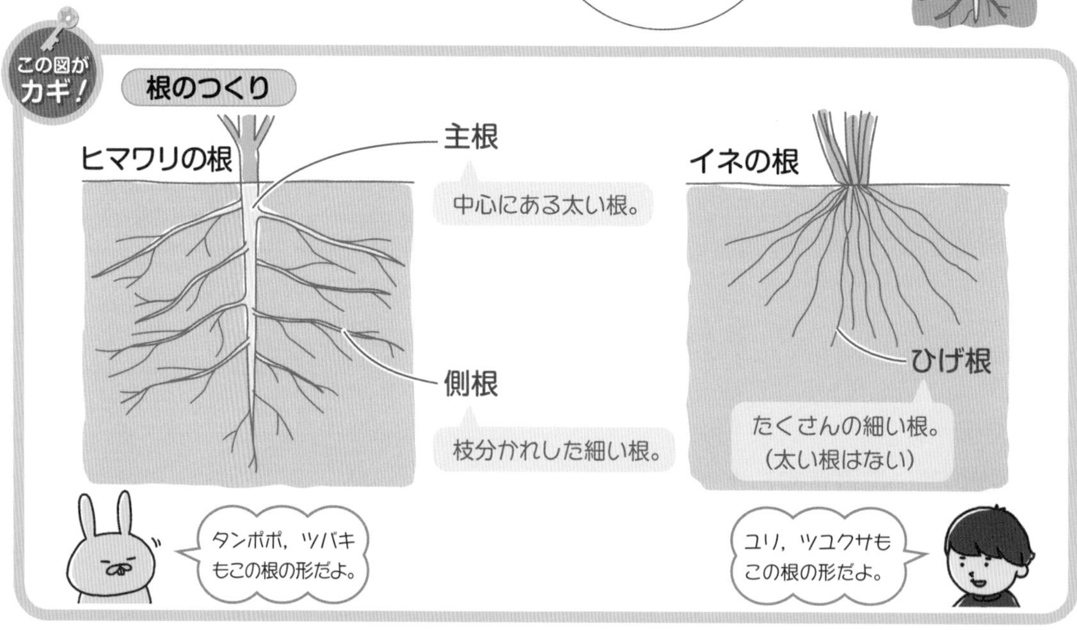

2 葉脈の種類

葉に見られるすじのようなつくりを**葉脈**(ようみゃく)といいます。

葉脈には，網目状(あみめじょう)の**網状脈**(もうじょうみゃく)と，平行な**平行脈**(へいこうみゃく)があります。

網状脈

ヒマワリ，ツバキ，タンポポなどはこの形。

平行脈

イネ，ユリ，ツユクサなどはこの形。

解答 p.3

1 次の図の①～③にあてはまる語句を入れましょう。

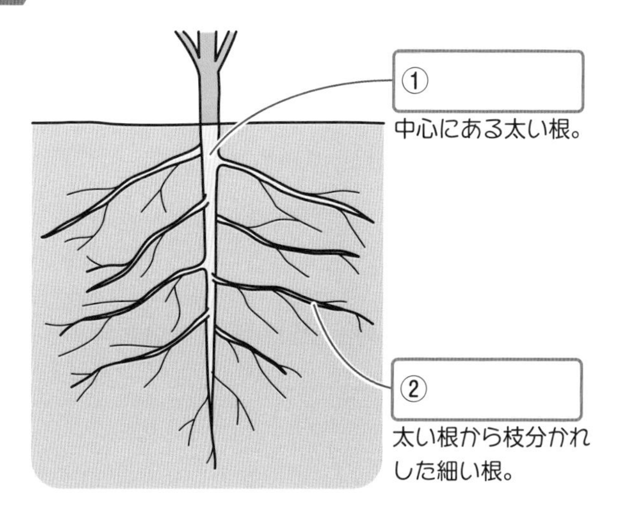

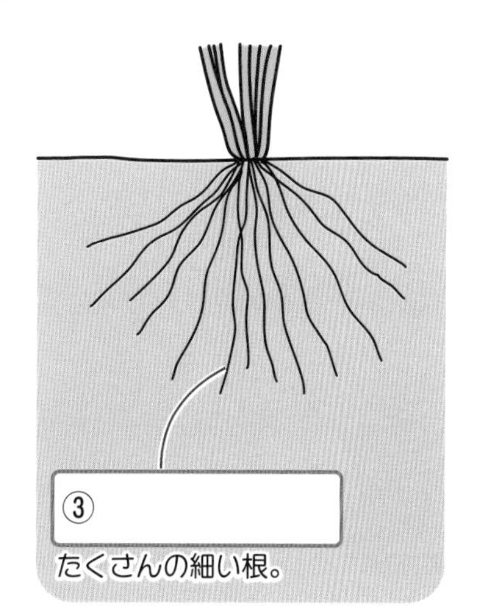

2 次の問いに答えましょう。

⑴　ヒマワリの根は，太い根とそこから枝分かれした細い根からできています。この太い根と細い根をそれぞれ何といいますか。

太い根［　　　　］　　細い根［　　　　］

⑵　イネの根は，太い根がなく，たくさんの細い根からできています。このたくさんの細い根を何といいますか。

［　　　　］

3 次の問いに答えましょう。

⑴　ヒマワリやタンポポなどの葉脈のつくりを何といいますか。

［　　　　］

⑵　イネやユリなどの葉脈のつくりを何といいますか。

［　　　　］

コレだけ！

- □ 被子植物には，主根と側根からなる根をもつ植物と，ひげ根をもつ植物がある。
- □ 葉脈には，網状脈と平行脈がある。

ステージ 7

種子をつくらない植物

種子でふえない植物を調べよう！

ヒマワリやマツは種子をつくってなかまをふやすけど，種子をつくらずになかまをふやす植物もあるのかな？

種子をつくらずにふえる植物には，**シダ植物**や**コケ植物**があります。

1 シダ植物

シダ植物には，葉・茎・根の区別があります。
葉には**胞子のう**がついていて，**胞子**をつくってなかまをふやします。

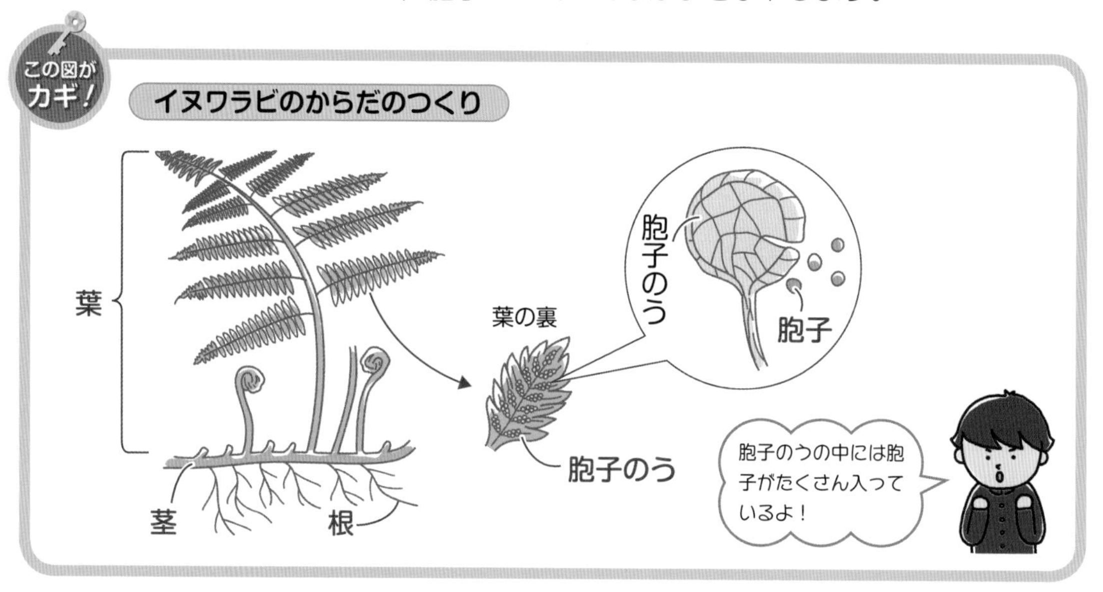

2 コケ植物

コケ植物には，葉・茎・根の区別がありません。
シダ植物と同じように，コケ植物も**胞子**をつくってなかまをふやします。

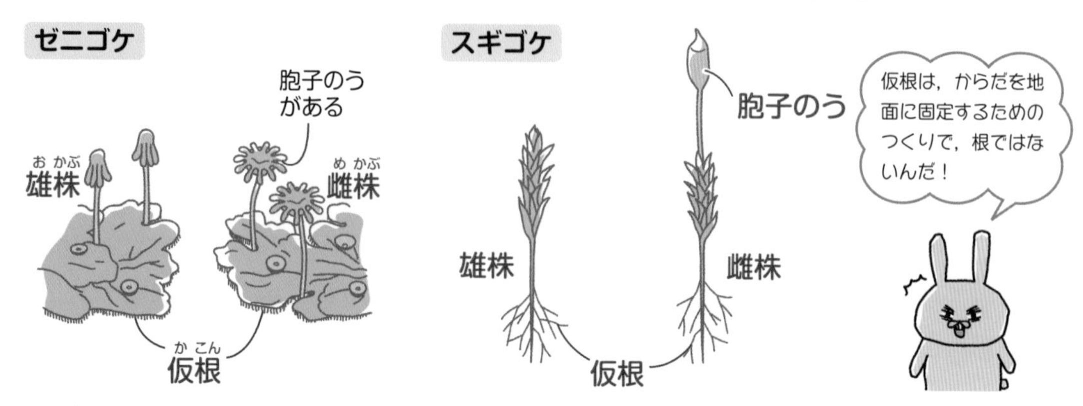

解答 p.3

1 次の図の①～④にあてはまる語句を入れましょう。

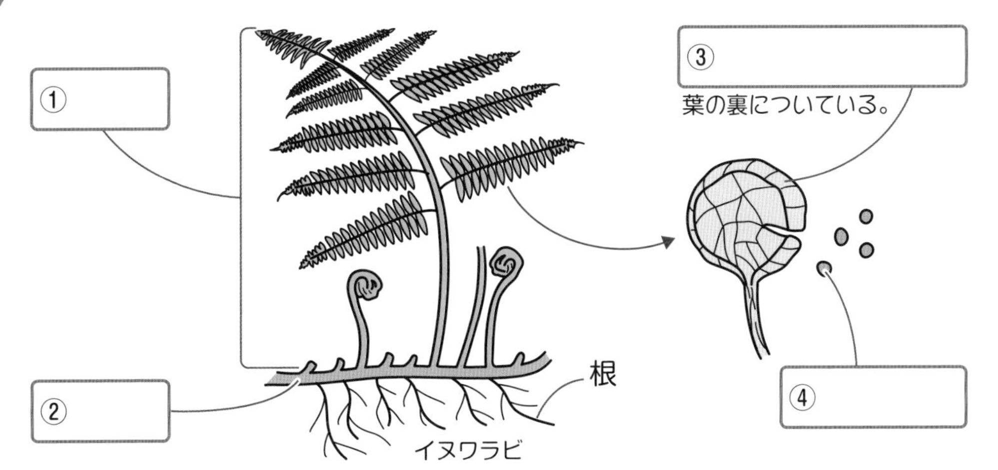

2 右の図は，スギゴケを表したものです。次の問いに答えましょう。

(1) 図のスギゴケは，雌株，雄株のどちらを表したものですか。

(2) 図のA，Bをそれぞれ何といいますか。

A　　　B

3 次の問いに答えましょう。

(1) シダ植物，コケ植物は何でなかまをふやしますか。

(2) シダ植物とコケ植物のうち，葉・茎・根の区別があるのはどちらですか。

(3) シダ植物とコケ植物のうち，仮根があるのはどちらですか。

コレだけ！

- □ シダ植物とコケ植物は，胞子をつくってなかまをふやす。
- □ シダ植物には葉・茎・根の区別があり，コケ植物には葉・茎・根の区別がない。

ステージ 8

植物のなかま分け

植物をなかま分けしてみよう！

植物といっても，いろいろな種類があるよね。これまで勉強してきた植物をなかま分けしてみるとどうなるのかな？

1 植物のなかま分け

植物は，なかまのふやし方で，**種子植物**と種子をつくらない植物に分けられます。種子植物は，胚珠が子房の中にあるかどうかで，**被子植物**と**裸子植物**に分けられます。被子植物は，さらに**双子葉類**と**単子葉類**に分けられます。

被子植物のなかま分けをくわしく見てみましょう。

被子植物のなかま分け

双子葉類 ヒマワリ，タンポポなど

子葉の数	根	葉脈
2枚	主根と側根	網状脈

単子葉類 イネ，ユリなど

子葉の数	根	葉脈
1枚	ひげ根	平行脈

ここにも注目

双子葉類のうち，花弁がはなれているものを**離弁花類**，花弁がくっついているものを**合弁花類**という。

離弁花類

サクラ

合弁花類

アサガオ

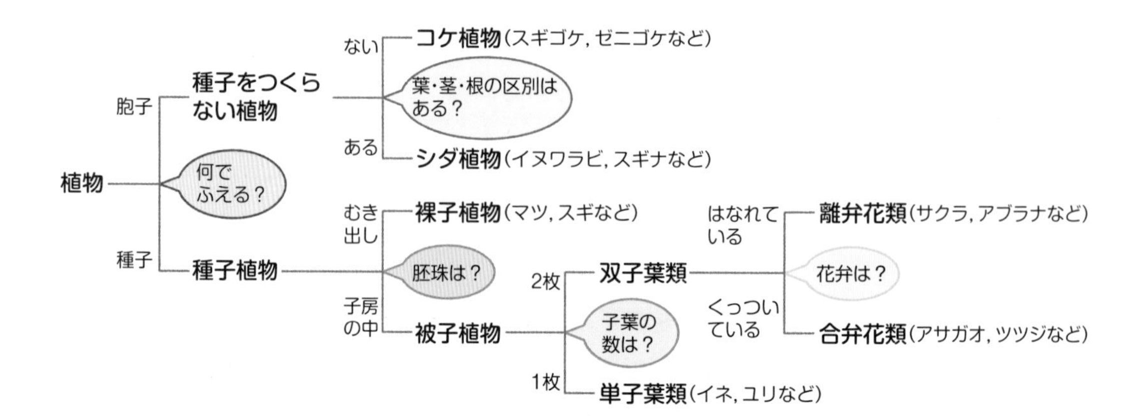

解答 p.3

1 次の被子植物を分類した表の①～⑥にあてはまる語句を入れましょう。

	子葉の数	根	葉脈
① 類	② 枚	主根と側根	葉脈 ③
④ 類	1枚	⑤	葉脈 ⑥

2 次の問いに答えましょう。

(1) 種子植物のうち，子房がなく，胚珠がむき出しになっている植物のなかまを何といいますか。

(2) 種子植物のうち，胚珠が子房の中にある植物のなかまを何といいますか。

(3) 双子葉類のうち，花弁が１枚１枚はなれている植物のなかまを何類といいますか。

(4) シダ植物とコケ植物のうち，葉・茎・根の区別があるのはどちらですか。

コレだけ！

- □ **被子植物は，双子葉類と単子葉類に分けられる。**
- □ **双子葉類は，離弁花類と合弁花類に分けられる。**

ステージ 9

セキツイ動物

背骨をもつ動物を分類しよう!

地球上にはたくさんの生物がいるけど，どんなふうになかま分けできるのかな？また，ヒトはどのなかまになるのかな？

1 セキツイ動物

背骨をもつ動物を**セキツイ動物**といいます。

セキツイ動物は，さまざまな特徴によって，**魚類**，**両生類**，**ハチュウ類**，**鳥類**，**ホニュウ類**の5つに分けられます。

呼吸のしかた，からだの表面，子のうまれ方などの特徴で分けられるよ！

セキツイ動物のなかま分け

	魚類	両生類	ハチュウ類	鳥類	ホニュウ類
生活する場所	水中	子 水中 親 陸上	陸上		
呼吸器官	えら	子 えら 親 肺・皮ふ	肺		
からだの表面	うろこ	湿った皮ふ	うろこ	羽毛	毛
子のうまれ方	卵生 卵をうみ，卵から子がかえる。				胎生 母体内である程度育ってからうまれる。
例	アジ メダカ	カエル イモリ	カメ ワニ	ニワトリ ペンギン	ヒト クジラ

解いてみよう！

解答 p.4

1 次の表の①～③にあてはまる語句を入れましょう。

	魚類	両生類	ハチュウ類	鳥類	ホニュウ類
生活する場所	①	㋙水中 ㊊陸上	陸上		
呼吸器官	えら	㋙えら ㊊肺・皮ふ	②		
子のうまれ方	③ 卵をうみ，卵からかえる。				胎生

2 次の問いに答えましょう。

(1) カエルやイモリのように，子はえらで呼吸をし，親になると肺や皮ふで呼吸する動物のなかまを何類といいますか。

(2) からだの表面が羽毛でおおわれている動物のなかまを何類といいますか。

(3) ホニュウ類のように，母体内である程度育ってからうまれる子のうまれ方を何といいますか。

(4) クジラは，魚類，両生類，ハチュウ類，鳥類，ホニュウ類のうち，どのなかまに分けられますか。

コレだけ！

- □ **背骨をもつ動物をセキツイ動物という。**
- □ **セキツイ動物は，魚類，両生類，ハチュウ類，鳥類，ホニュウ類の５つに分けられる。**

ステージ 10

肉食動物と草食動物のからだ

ライオンとシマウマのちがいを見てみよう!

同じホニュウ類でも，ライオンとシマウマではからだのつくりが異なるところがあるよ。食べ物とからだのつくりの関係を見ていこう！

1 食べ物によるからだのつくりのちがい

ライオンのように，ほかの動物を食べる動物を**肉食動物**，シマウマのように植物を食べる動物を**草食動物**といいます。

何を食べるかによって，肉食動物と草食動物ではからだのつくりが異なります。

肉食動物と草食動物のからだのつくり

	肉食動物	草食動物
目のつき方	片目で見える範囲。両目で（立体的に）見える範囲。目が**顔の正面**についていて，えものとの距離(きょり)をはかりやすい。	目が**横向き**についていて，広い範囲(はんい)を見渡すことができる。
歯	門歯 犬歯 臼歯 **犬歯**(けんし)が大きく，**臼歯**(きゅうし)がとがっていて，肉を引きさいたり骨をくだいたりしやすくなっている。	門歯 犬歯 臼歯 **門歯**(もんし)と**臼歯**が発達していて，草をかみ切ったりすりつぶしたりしやすくなっている。

ここにも注目

肉食動物のあしにはするどい爪(つめ)があり，えものをとらえるのに適している。草食動物のあしにはひづめがあり，長い距離を走って逃げるのに適している。

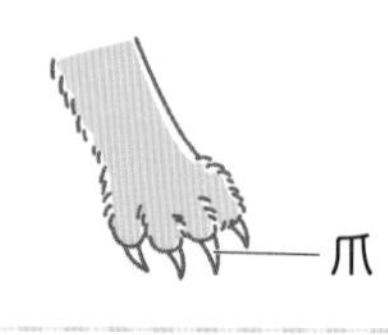

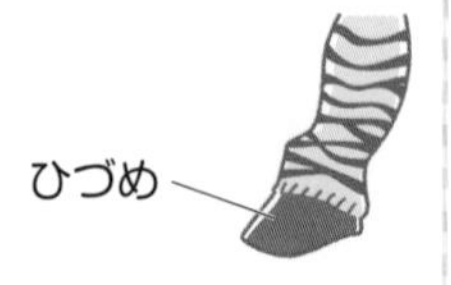

解いてみよう！

解答 p.4

1 次の図の①～④にあてはまる語句を入れましょう。

① 　　　　動物

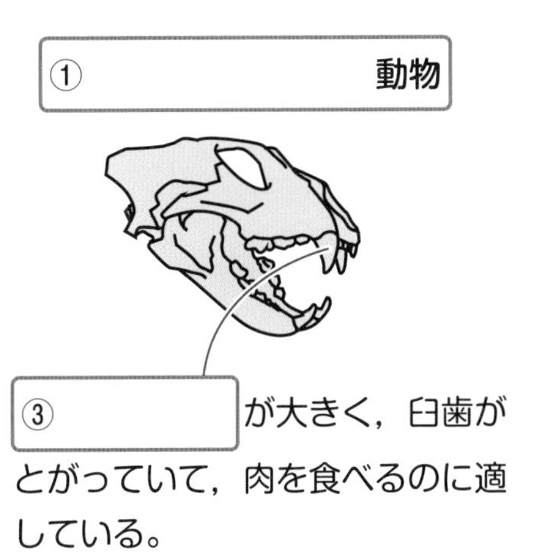

③ 　　　　が大きく，臼歯がとがっていて，肉を食べるのに適している。

② 　　　　動物

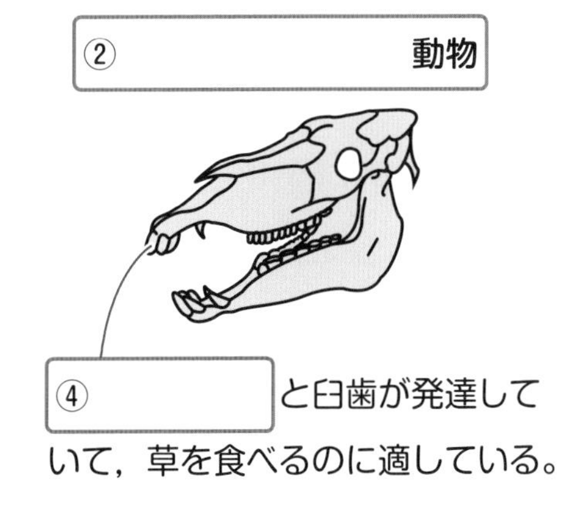

④ 　　　　と臼歯が発達していて，草を食べるのに適している。

2 次の問いに答えましょう。

(1) ライオンのように，ほかの動物を食べる動物を何といいますか。

(2) シマウマは，ほかの動物と植物のどちらを食べますか。

(3) 肉食動物の目は，顔の正面についています。これにより，立体的に見える範囲は広くなりますか。せまくなりますか。

(4) 草食動物の目は，横向きについています。これにより，見渡すことができる範囲は広くなりますか。せまくなりますか。

(5) 草食動物では発達していませんが，肉食動物では，えものをとらえ，肉を引きさくために大きく発達している歯を何といいますか。

コレだけ！

- □ **肉食動物の目は顔の正面についていて，犬歯と臼歯が発達している。**
- □ **草食動物の目は横向きについていて，門歯と臼歯が発達している。**

ステージ 11

無セキツイ動物

背骨をもたない動物を分類しよう!

背骨をもつ動物をセキツイ動物といったけど，背骨をもたない動物にはどんな動物がいるんだろう？みんながよく知ってる動物も登場するよ！

1 無セキツイ動物

背骨をもたない動物を**無セキツイ動物**といいます。

無セキツイ動物のうち，からだが**外骨格**というかたい殻(から)でおおわれていて，からだやあしに節(ふし)がある動物を**節足動物**(せっそくどうぶつ)といいます。

節足動物は，さらに，**昆虫類**(こんちゅうるい)や**甲殻類**(こうかくるい)などに分けられます。

また，イカのようにからだやあしに節がなく，内臓をつつむ**外とう膜**(がいとうまく)という筋肉でできた膜がある動物を**軟体動物**(なんたいどうぶつ)といいます。

イカのからだのつくり

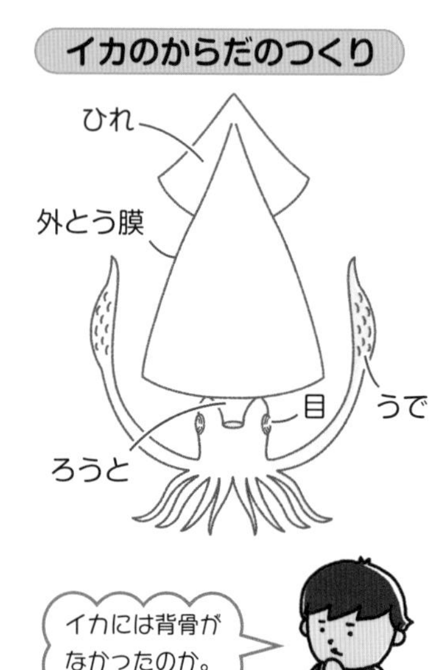

この図がカギ！

無セキツイ動物のなかま分け

無セキツイ動物

節足動物

外骨格がある。

昆虫類

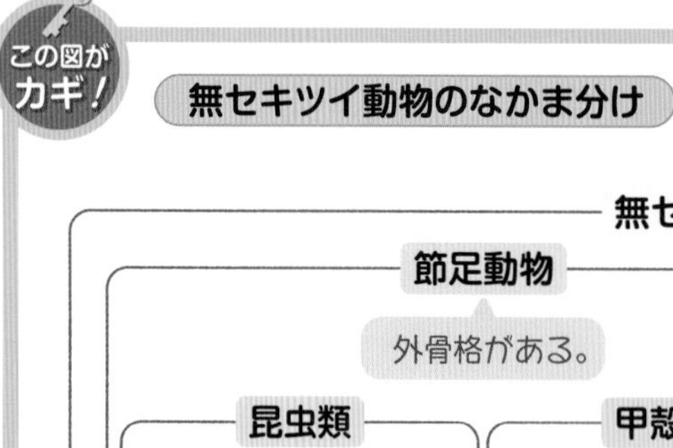

甲殻類

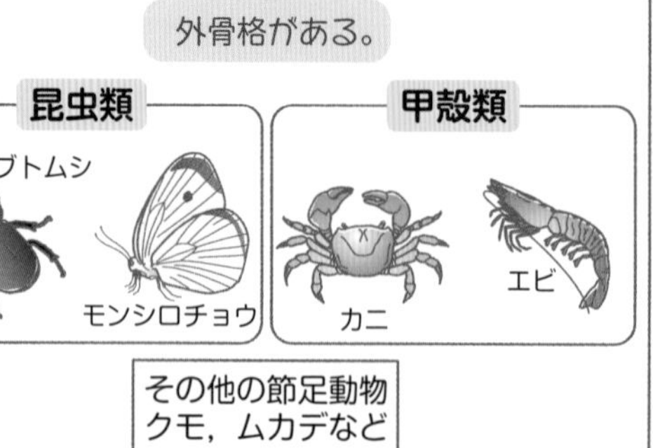

その他の節足動物
クモ，ムカデなど

軟体動物

外とう膜がある。

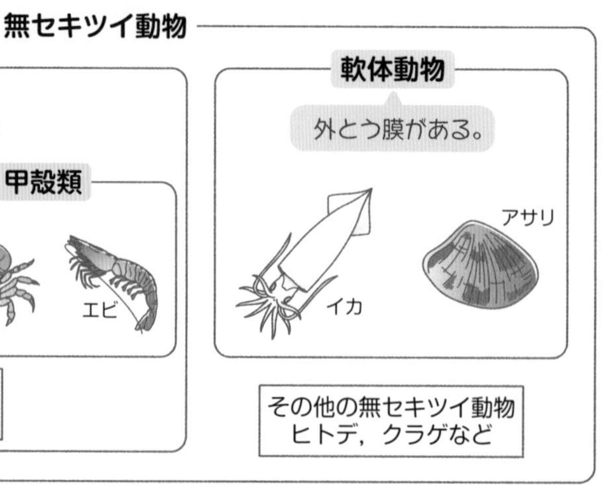

その他の無セキツイ動物
ヒトデ，クラゲなど

解答 p.4

1 次の図の①～④にあてはまる語句を入れましょう。

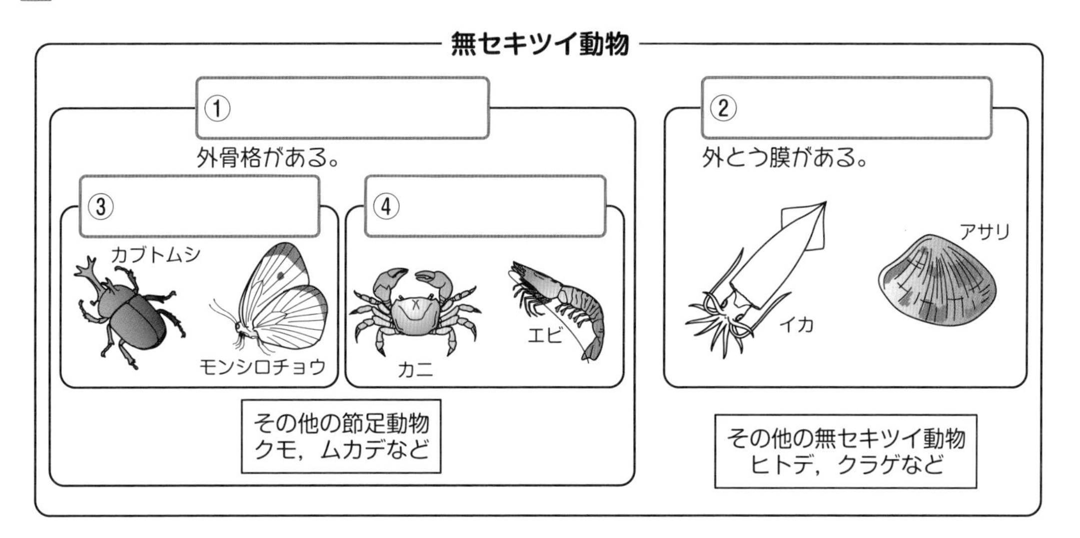

2 次の問いに答えましょう。

(1) 背骨をもたない動物をまとめて何動物といいますか。

(2) 軟体動物がもつ，内臓をつつむ筋肉でできた膜を何といいますか。

3 次のア～オの動物について，あとの問いに答えましょう。

ア カニ	**イ** アサリ	**ウ** カブトムシ	**エ** イカ	**オ** エビ

(1) 軟体動物はどれですか。すべて選びましょう。

(2) 甲殻類はどれですか。すべて選びましょう。

コレだけ！

- □ **背骨をもたない動物を無セキツイ動物という。**
- □ **無セキツイ動物は，外骨格がある節足動物や，外とう膜がある軟体動物などに分けられる。**

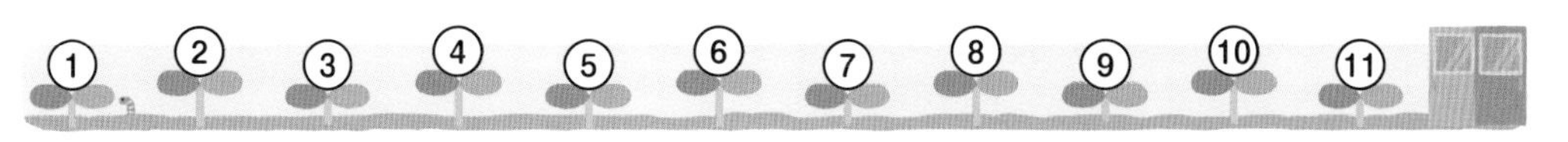

確認テスト

解答 p.4

/100点

1 図1は，アブラナの花，図2はマツの花のつくりを模式的(もしきてき)に表したものです。次の問いに答えましょう。(6点×6)

ステージ 3 4 5

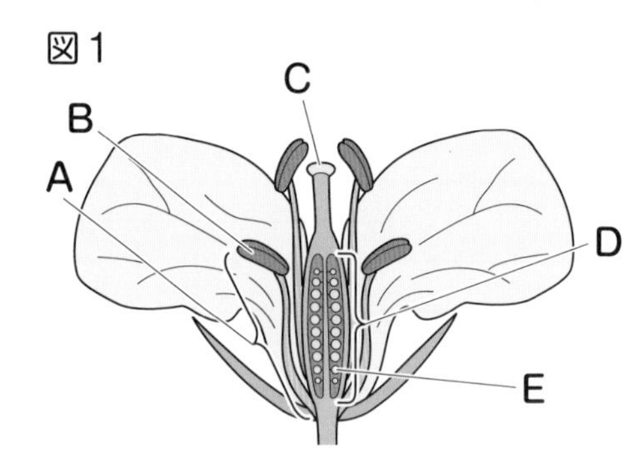

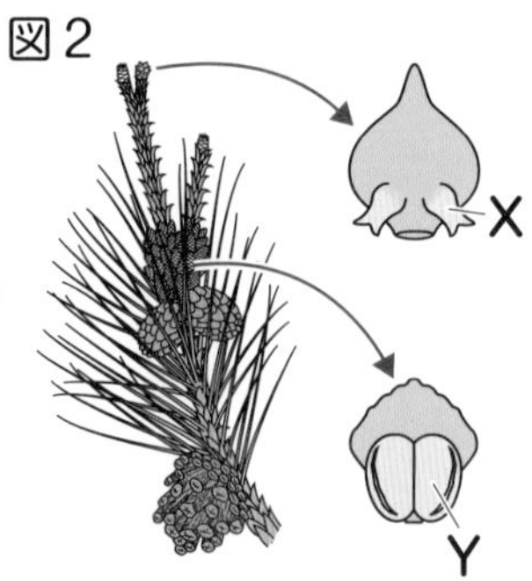

(1) 図1のA，C，Dをそれぞれ何といいますか。

A ＿＿＿＿ C ＿＿＿＿ D ＿＿＿＿

(2) 受粉後，成長して種子(しゅし)になる部分を何といいますか。また，それはどこですか。図1のA～E，図2のX，Yからそれぞれ選びましょう。

名称(めいしょう) ＿＿＿＿

図1 ＿＿＿＿ 図2 ＿＿＿＿

2 次の図は，植物をいろいろな特徴(とくちょう)をもとになかま分けしたものです。あとの問いに答えましょう。(6点×3)

ステージ 8

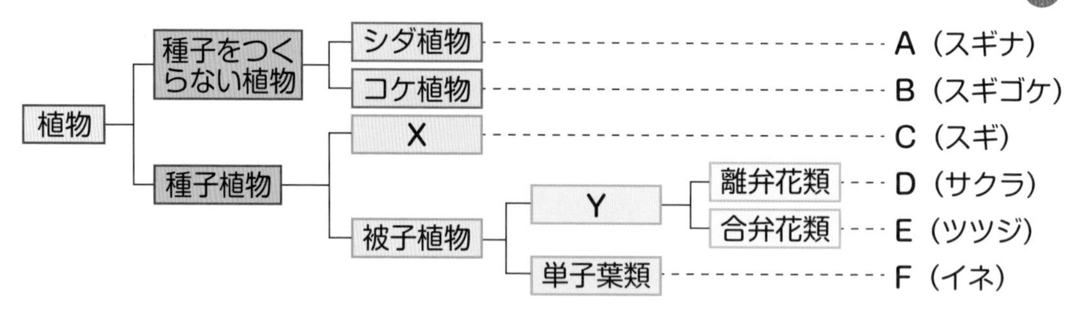

(1) 図のX，Yにあてはまる語句をそれぞれ答えましょう。

X ＿＿＿＿ Y ＿＿＿＿

(2) タンポポは，図のA～Fのどのなかまに分類されますか。

＿＿＿＿

3 右の図は，ライオンとシマウマの頭部の骨を模式的に表したものです。次の問いに答えましょう。（5点×2）

ステージ 10

A

ア

イ

B

ウ

エ

(1) ライオンの頭部の骨を表しているのは，A，Bのどちらですか。

(2) シマウマのような草食動物で，草をすりつぶすために発達した歯は，ア～エのうちどれですか。

4 次のA～Hの動物について，あとの問いに答えましょう。（6点×6）

ステージ 9 11

A　カメ	B　メダカ	C　クジラ	D　カブトムシ
E　カニ	F　カエル	G　イカ	H　ペンギン

(1) 背骨をもつ動物を何といいますか。

(2) A～Hのうち，ハチュウ類のなかまはどれですか。

(3) A～Hのうち，母体内である程度育ってから子がうまれる動物はどれですか。

(4) A～Hのうち，からだが外骨格でおおわれていて，からだやあしに節(ふし)がある動物はどれですか。すべて選びましょう。

(5) (4)のようななかまを何といいますか。

(6) Gのイカのように，内臓が外(がい)とう膜(まく)でおおわれている動物のなかまを，次のア～エから選びましょう。

ア　ヘビ　　イ　エビ　　ウ　アサリ　　エ　カエル

ととまるの プラス1ページ

無セキツイ動物のからだのつくり

エビのからだのつくり

エビは，外骨格をもつ節足動物のうち，甲殻類のなかまで，水中で生活する。

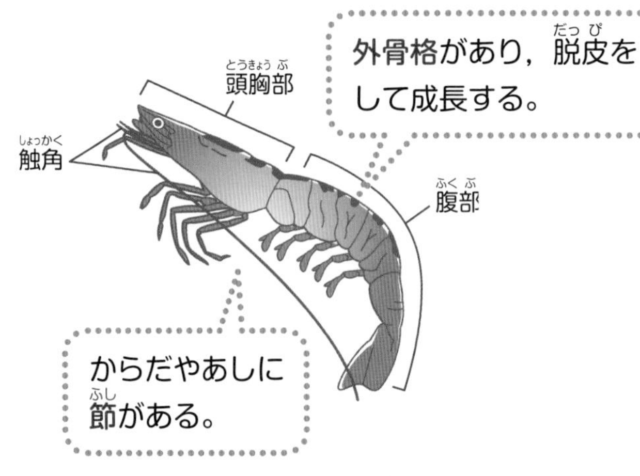

アサリのからだのつくり

アサリは，外とう膜をもつ軟体動物のなかまで，水中で生活する。

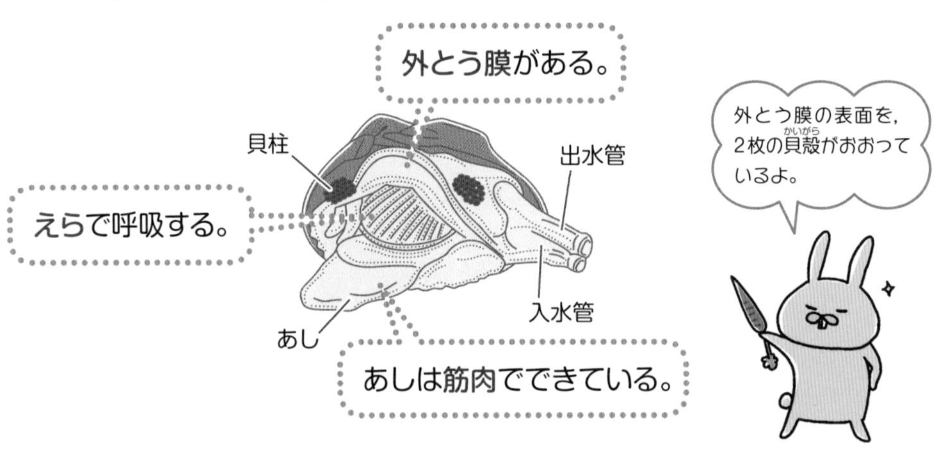

身のまわりの物質

鉛筆やノート，水や酸素…。
わたしたちはいろいろなものに囲まれて生活しているね。
物質には，それぞれ性質がある。
理科室に行って，どんな性質があるのか調べてみよう！

ステージ 12

実験器具の使い方

ガスバーナーを使ってみよう！

ものを燃やしたり，あたためたりするのに使うガスバーナー。安全に実験するために，正しい使い方をマスターしよう。

❶ ガスバーナーの使い方

火をつけるときは次の手順で操作します。

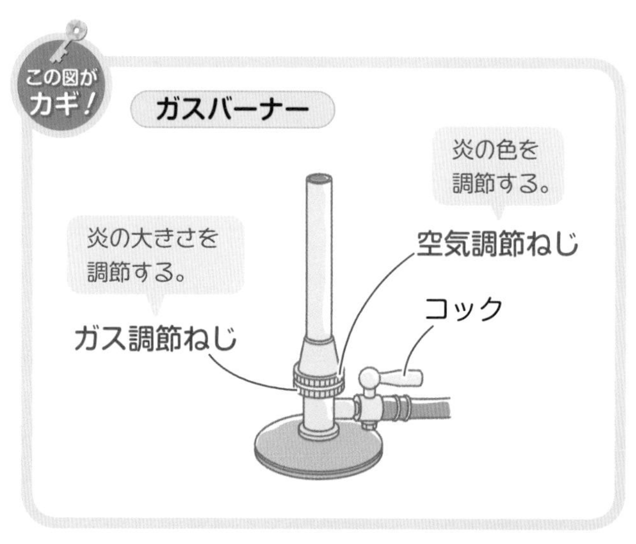

①空気調節ねじとガス調節ねじが閉まっていることを確かめる。

②ガスの**元栓**（もとせん）を開く。（コックつきの場合はコックも開く。）

③マッチに火をつける。

④**ガス調節ねじ**を少しずつ開いて点火する。

⑤ガス調節ねじをおさえ，**空気調節ねじ**だけを少しずつ開いて，炎の色を調節する。

ここにも注目

火を消すときの手順

①ガス調節ねじをおさえて，空気調節ねじを閉める。

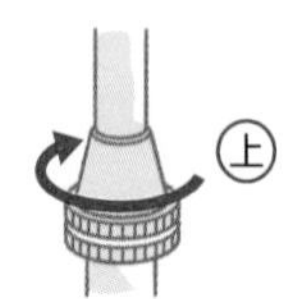

②ガス調節ねじを閉めて火を消す。

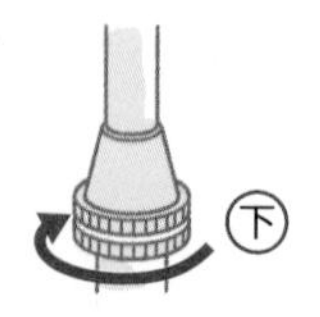

③元栓を閉じる。

火を消すときは，火をつけるときと逆の順だね！

解いてみよう！

解答 p.5

1 次の図の①，②にあてはまる語句を入れましょう。

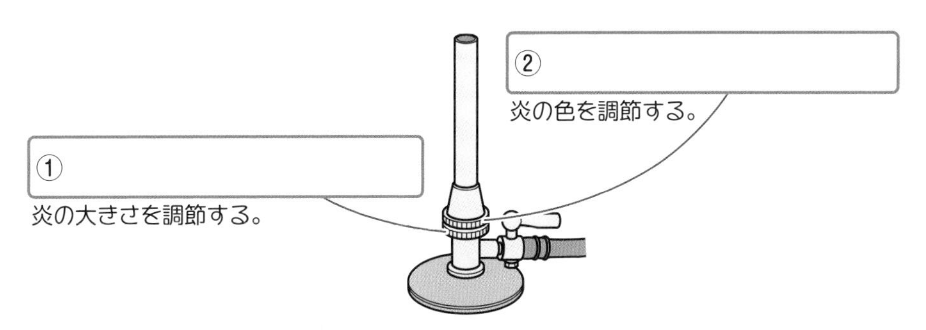

2 次のA～Eをガスバーナーに点火するときの正しい順に並べましょう。

A　マッチに火をつける。
B　ガスの元栓を開く。
C　空気調節ねじとガス調節ねじが閉まっていることを確かめる。
D　ガス調節ねじをおさえ，空気調節ねじを少しずつ開いて，炎の色を調節する。
E　ガス調節ねじを少しずつ開いて点火する。

　→　→　→　→

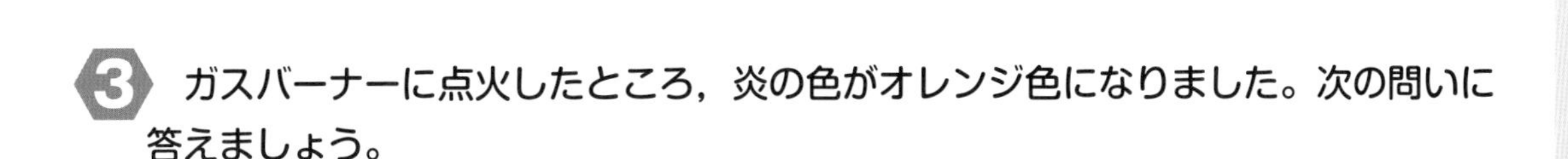

3 ガスバーナーに点火したところ，炎の色がオレンジ色になりました。次の問いに答えましょう。

(1)　炎の色は何色にすればよいですか。

(2)　炎の大きさは変えずに，(1)の色の炎にするにはどうすればよいですか。次のア～エから選びましょう。

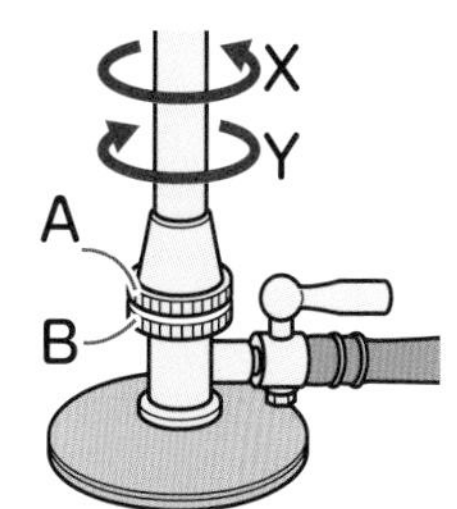

ア　Aのねじをおさえて，BのねじをXの向きに回す。
イ　Aのねじをおさえて，BのねじをYの向きに回す。
ウ　Bのねじをおさえて，AのねじをXの向きに回す。
エ　Bのねじをおさえて，AのねじをYの向きに回す。

□ **ガスバーナーに点火するときは，元栓→ガス調節ねじ→空気調節ねじの順に開く。**
□ **ガスバーナーの炎の色は，青色に調節する。**

ステージ 13

有機物と無機物

ものを燃やして区別してみよう！

物質を加熱したとき，燃えるものと燃えないものがあるよ。燃えて気体が発生するものにはどんなものがあるかな？調べてみよう！

1 物体と物質

ものを見た目で区別したとき「**物体**」といい，ものを材料で区別したとき「**物質**」といいます。

2 有機物と無機物

物質は，大きく分けて**有機物**と**無機物**の２つに分けられます。

炭素をふくむ物質を有機物といい，加熱するとこげて炭ができます。また，燃えて**二酸化炭素**を発生し，このとき水もできます。

有機物以外の物質を無機物といいます。

ここにも注目

炭素や二酸化炭素は例外で，炭素をふくむが無機物である。

この図がカギ！

物質の分類

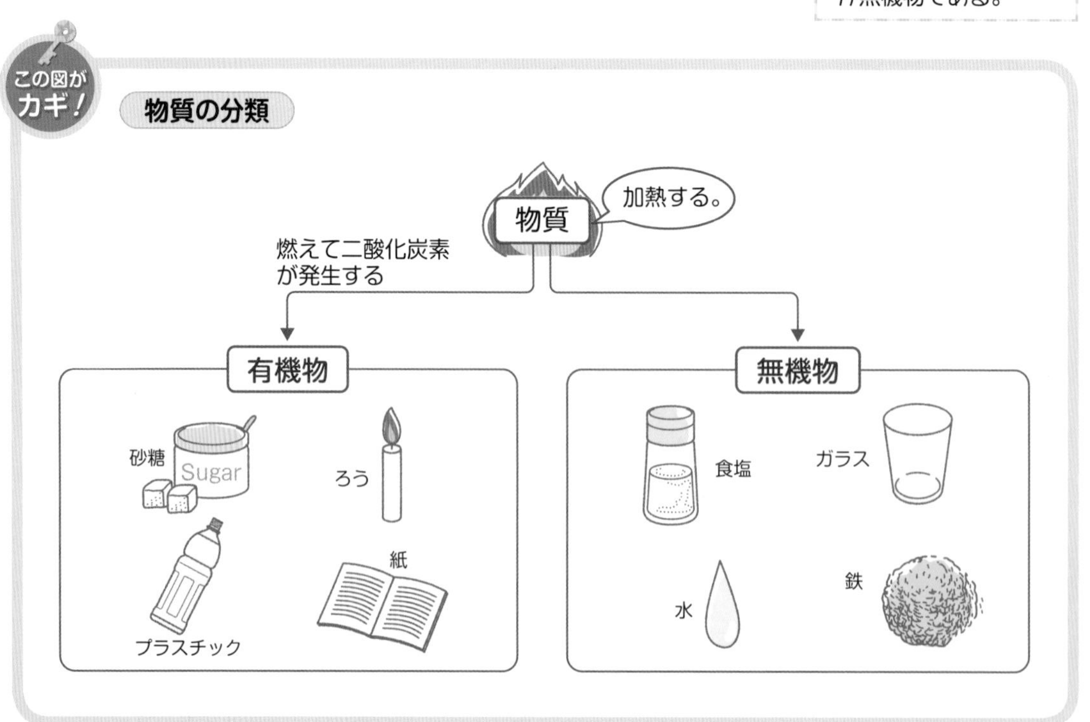

解答 p.5

1 次の図の①，②にあてはまる語句を入れましょう。

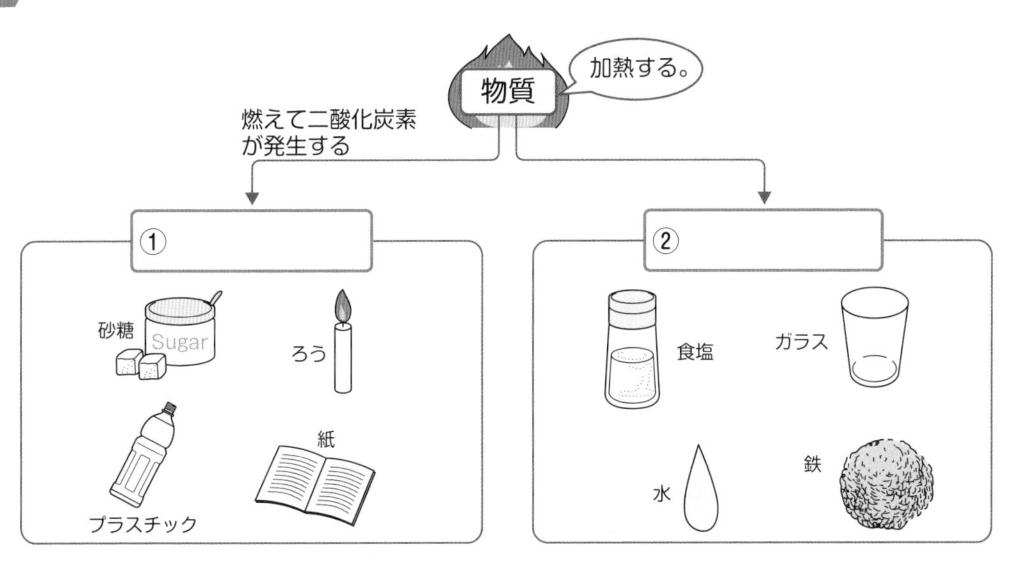

2 次の問いに答えましょう。

⑴　ガラスでできたコップについて，コップのように見た目で区別したもののことを物体というのに対して，ガラスのように材料で区別したもののことを何といいますか。

⑵　有機物に炭素はふくまれていますか。

⑶　有機物以外の物質を何といいますか。

⑷　有機物が燃えたときに発生する気体は何ですか。

⑸　有機物を次の**ア**～**カ**からすべて選びましょう。

ア　ガラス　　**イ**　ろう　　**ウ**　プラスチック
エ　水　　**オ**　鉄　　**カ**　砂糖

コレだけ！

□ **炭素をふくみ，燃えて二酸化炭素が発生する物質を有機物，有機物以外の物質を無機物という。**

ステージ 14

金属と非金属

金属の性質をおさえよう！

身のまわりには，鉄や銅，アルミニウムなど，いろいろな金属があるけれど，これらの金属にはどのような性質があるのかな？調べてみよう！

1 金属と非金属

金，銀，銅，鉄，アルミニウムなどの物質を**金属**といい，金属以外の物質を**非金属**といいます。

非金属には，ガラス，木，プラスチック，ゴムなどがあります。

金属の性質

①電気をよく通す。

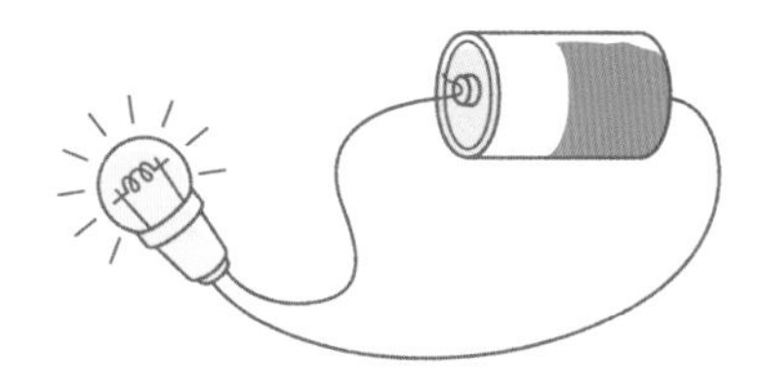

②熱をよく伝える。

③みがくと光る。

④たたくと広がり，引っぱるとのびる。

このかがやきを金属光沢っていうよ！

磁石につくのは，鉄などの一部の金属の性質で，金属に共通する性質ではないんだね。

解いてみよう！

解答 p.5

1 次の図の①～④にあてはまる語句を入れましょう。

●金属の性質

① ＿＿＿＿ をよく通す。　　② ＿＿＿＿ をよく伝える。

みがくと ③ ＿＿＿＿ 。

たたくと広がり，
引っぱると ④ ＿＿＿＿ 。

2 次の問いに答えましょう。

(1) 金属を次の**ア**～**カ**からすべて選びましょう。

ア アルミニウム　　**イ** ゴム　　**ウ** 木
エ 銀　　**オ** プラスチック　　**カ** 金

(2) 金属をみがくと出るかがやきのことを何といいますか。

(3) 金属以外の物質を何といいますか。

(4) 次の**ア**～**オ**のうち，金属に共通する性質をすべて選びましょう。

ア 電気を通さない。　　**イ** みがくと光る。　　**ウ** 熱をよく伝える。
エ 磁石につく。　　**オ** たたくと割れる。

コレだけ！

- □ **金や銀，銅，鉄，アルミニウムなどの物質を金属という。**
- □ **ガラスやゴム，木などの金属以外の物質を非金属という。**

ステージ 15

密度

質量のちがいを調べよう！

同じ体積の綿と鉄の重さを比べると，鉄のほうが重い。このときの「重い」とは物質の何を比べているのだろう？

1 密度

上皿てんびんなどではかることのできる物質の量を**質量**といい，単位はg（グラム）やkg（キログラム）で表します。

質量
60g

$1\,cm^3$あたりの質量を**密度**といい，単位はg/cm^3（グラム毎立方センチメートル）で表します。

密度は物質ごとに決まっているから，物質を見分ける手がかりになるよ！

密度を求める公式

$$密度〔g/cm^3〕=\frac{質量〔g〕}{体積〔cm^3〕}$$

物質の密度がわかっていて，物質の質量や体積を求めるときは，次のように変形できる。

$$質量〔g〕=密度〔g/cm^3〕\times 体積〔cm^3〕$$

$$体積〔cm^3〕=\frac{質量〔g〕}{密度〔g/cm^3〕}$$

ここにも注目

いろいろな物質の密度

物質	密度〔g/cm^3〕
水	1.00
鉄	7.87
金	19.32
アルミニウム	2.70

例題

体積$2.0cm^3$の球の質量をはかると5.4gでした。この球の密度を求めましょう。

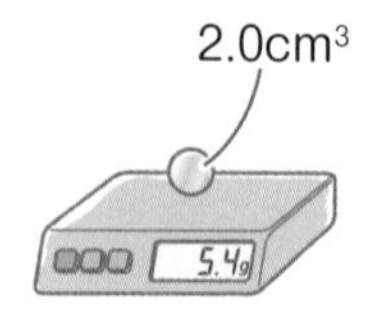

［解き方］

$$密度〔g/cm^3〕=\frac{質量〔g〕}{体積〔cm^3〕}$$ より，

$$\frac{5.4g}{2.0cm^3}=2.7g/cm^3$$ …答

密度は$2.7g/cm^3$だから，上の表から，この球はアルミニウムでできていることがわかるよ！

解いてみよう！

解答 p.5

1 次の式の①〜⑥にあてはまる語句を入れましょう。

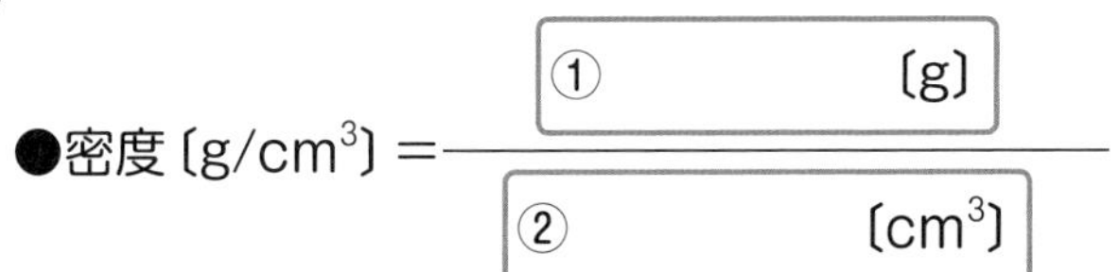

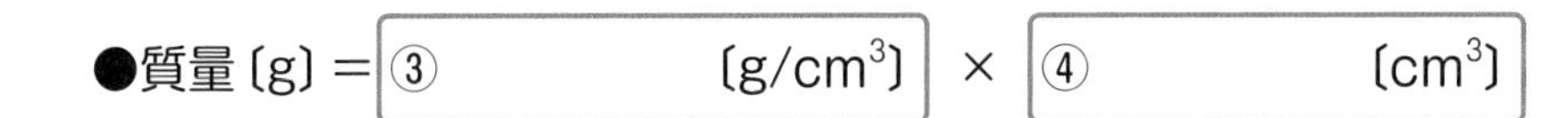

2 次の問いに答えましょう。

(1) 上皿てんびんではかることのできる物質の量のことを何といいますか。

(2) 1 cm^3あたりの(1)のことを何といいますか。

(3) (2)は物質によって決まっていますか，決まっていませんか。

3 次の問いに答えましょう。

(1) 質量が40gで，体積が8 cm^3の物体の密度は何g/cm^3ですか。

(2) 体積が30cm^3で，密度が6 g/cm^3の物体の質量は何gですか。

コレだけ！

□ **1 cm^3あたりの質量のことを密度という。**

□ **密度〔g/cm^3〕＝$\dfrac{質量〔g〕}{体積〔cm^3〕}$**

ステージ 16

酸素と二酸化炭素

酸素と二酸化炭素を発生させよう！

わたしたちは，呼吸するとき酸素をとり入れて，二酸化炭素を出しているね。酸素や二酸化炭素にはどんな性質があるのか調べてみよう！

① 気体の集め方

気体を集める方法には，水にとけやすいか，とけにくいか，空気より密度が大きいか，小さいかなどの気体の性質によって，**水上置換法**，**上方置換法**，**下方置換法**の３つの方法があります。

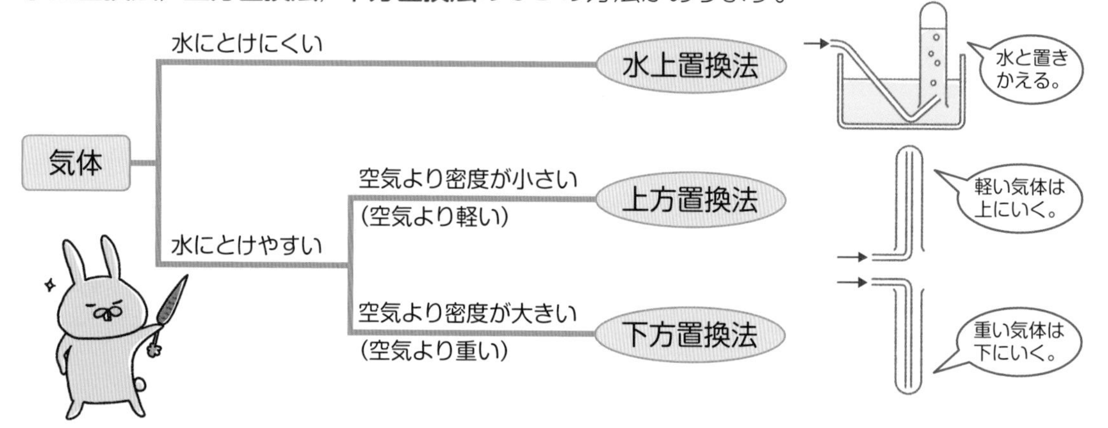

② 酸素と二酸化炭素

酸素は，無色・無臭の水にとけにくい気体で，ものを燃やすはたらきがあります。

二酸化炭素は，無色・無臭で，水に少しとけ，空気より密度が大きい気体で，水溶液は酸性を示します。また，石灰水を白くにごらせる性質があります。

月　日

解いてみよう！

解答 p.6

1 次の図の①～④にあてはまる語句を下の[　　]の中から選びましょう。

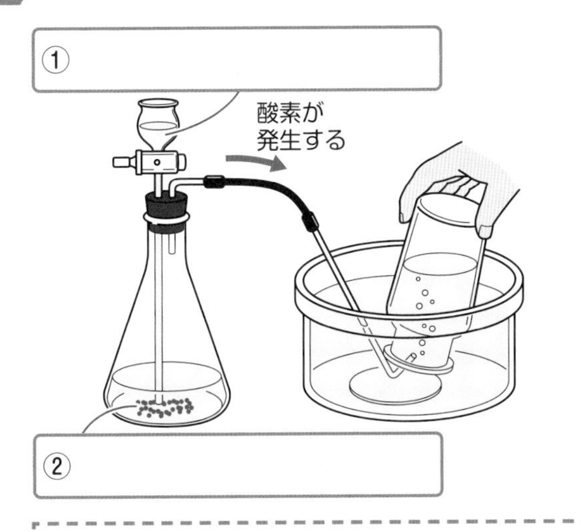

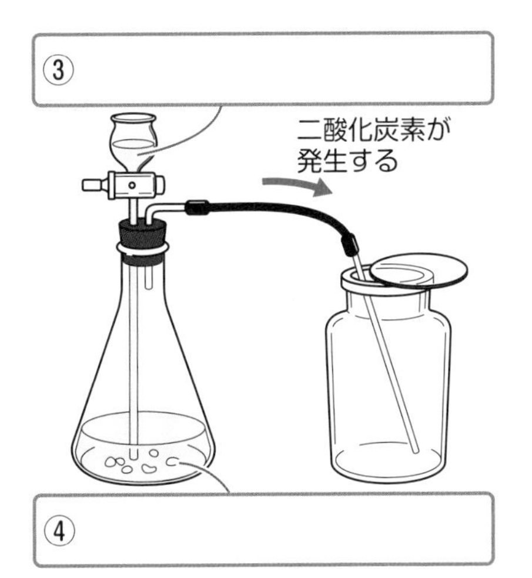

石灰石　オキシドール　うすい塩酸　二酸化マンガン

2 次の問いに答えましょう。

(1) 次の**ア**～**ウ**のような気体の集め方をそれぞれ何といいますか。

ア

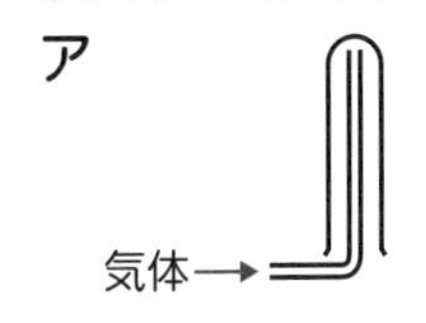

イ

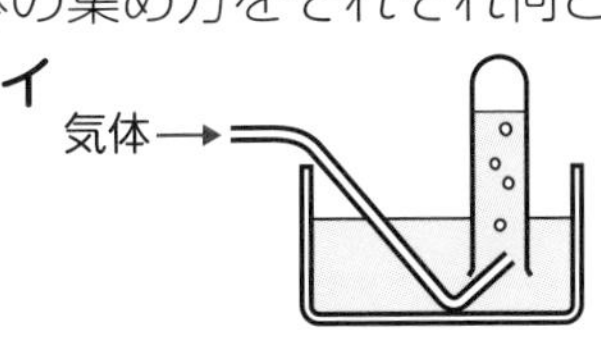

ウ

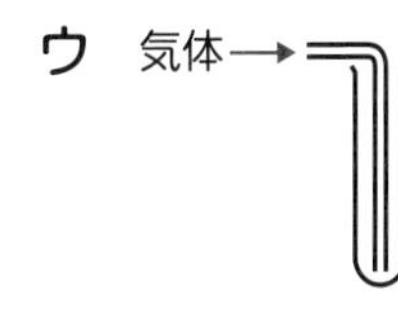

(2) 水にとけやすく空気より密度が小さい気体の集め方を，**ア**～**ウ**から選びましょう。

(3) ものを燃やすはたらきがある気体は，酸素と二酸化炭素のどちらですか。

(4) 二酸化炭素を石灰水に通すと，石灰水はどうなりますか。

コレだけ！

- □ 酸素は水にとけにくい気体で，ものを燃やすはたらきがある。
- □ 二酸化炭素は空気より密度が大きい気体で，石灰水を白くにごらせる性質がある。

ステージ 17

水素とアンモニア

水素とアンモニアを発生させよう！

地球にやさしい燃料電池自動車は水素が燃える力が利用されているんだよ。水素ってどんな気体なのかな？

1 水素

水素は，無色・無臭で，水にとけにくく，物質の中でいちばん密度が小さい気体です。空気中で火をつけると，燃えて水ができます。

2 アンモニア

アンモニアは，無色で，鼻をさすような刺激臭のある有毒な気体です。空気よりも密度が小さく，水に非常によくとけます。水溶液はアルカリ性を示します。

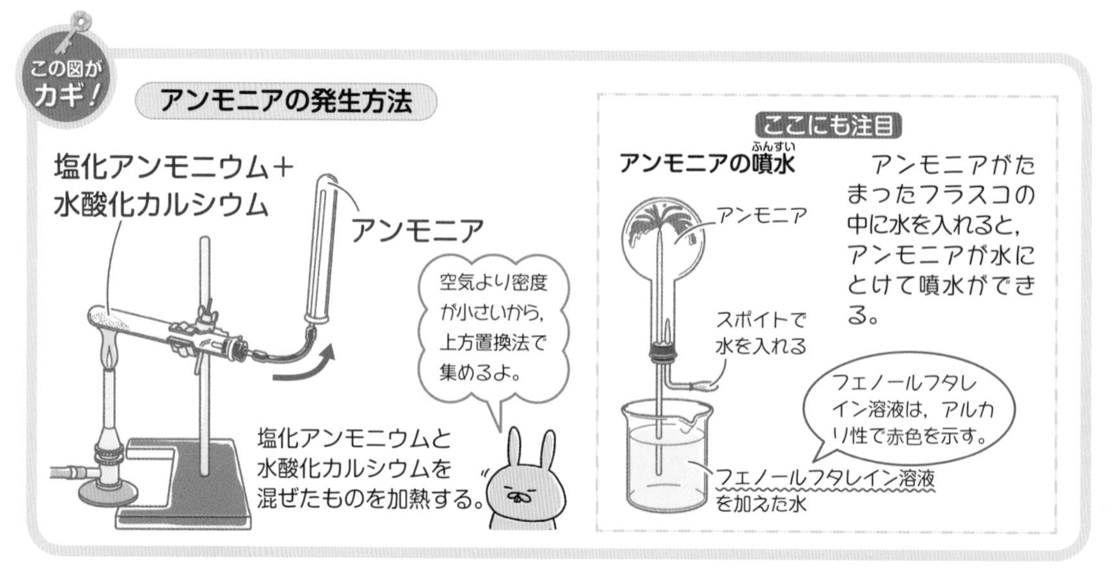

解答 p.6

1 次の図の①，②にあてはまる語句を入れましょう。

2 水素について，次の問いに答えましょう。

(1) 水素を発生させるには，亜鉛に何を加えればよいですか。

(2) 水素は水にとけやすいですか，とけにくいですか。

(3) 発生させた水素は，何という集め方で集めるのがもっとも適していますか。

3 アンモニアについて，次の問いに答えましょう。

(1) アンモニアは空気より密度が小さいですか，大きいですか。

(2) 発生させたアンモニアは，何という集め方で集めますか。

(3) アンモニアがとけてできた水溶液は，酸性とアルカリ性のどちらを示しますか。

コレだけ！

- □ 水素は物質の中でいちばん密度が小さい気体で，燃えると水ができる。
- □ アンモニアは刺激臭のある気体で，空気よりも密度が小さく，水によくとける。

ステージ 18

いろいろな気体の性質

いろいろな気体の性質を覚えよう！

空気中にいちばん多くふくまれている気体は酸素でも二酸化炭素でもなく窒素なんだ。いろいろな気体の性質をまとめよう！

1 気体の性質

酸素，二酸化炭素，窒素，水素，アンモニアについて，それぞれの気体の性質をまとめると次のようになります。

いろいろな気体の性質

気体	酸素	二酸化炭素	窒素	水素	アンモニア
色	なし	なし	なし	なし	なし
におい	なし	なし	なし	なし	**刺激臭**
空気と比べたときの密度	少し大きい	大きい	少し小さい	小さい	小さい
水へのとけやすさ	とけにくい	少しとける	とけにくい	とけにくい	**非常によくとける**
水溶液の性質	－	**酸性**	－	－	**アルカリ性**
気体の集め方	水上置換法	下方置換法（水上置換法）	水上置換法	水上置換法	上方置換法
その他の性質	**ものを燃やす**はたらきがある。	**石灰水を白くにごらせる。**	空気中に体積で約78％ふくまれる。	**空気中で燃えて**水ができる。	有毒である。

ここにも注目

酸性だと…
- 青色リトマス紙→赤色になる。
- BTB溶液→黄色になる。

アルカリ性だと…
- 赤色リトマス紙→青色になる。
- BTB溶液→青色になる。
- フェノールフタレイン溶液→赤色になる。

月　日

解いてみよう！

解答 p.6

1 次の表の①～④にあてはまる語句を入れましょう。

気体	①	二酸化炭素	②
におい	なし	なし	刺激臭
空気と比べたときの密度	少し大きい	③	小さい
水へのとけやすさ	とけにくい	少しとける	非常によくとける
水溶液の性質	—	④	アルカリ性
その他の性質	ものを燃やすはたらきがある。	石灰水を白くにごらせる。	有毒である。

2 次のア～オの気体について，あとの問いに答えましょう。

ア　アンモニア　　**イ**　窒素　　**ウ**　水素
エ　二酸化炭素　　**オ**　酸素

(1) においがある気体を，**ア～オ**から選びましょう。

(2) 水にとかしたときに水溶液が酸性を示す気体を，**ア～オ**から選びましょう。

(3) 水上置換法で集めることができる気体を，**ア～オ**からすべて選びましょう。

(4) ものを燃やすはたらきがある気体を，**ア～オ**から選びましょう。

コレだけ！

- □ **水にとけにくい気体は水上置換法で集める。**
- □ **二酸化炭素の水溶液は酸性，アンモニアの水溶液はアルカリ性を示す。**

ステージ 19

物質のとけ方

ものが水にとけるようすを調べよう！

コーヒーや砂糖水，食塩水など，いろいろな液体があるよね。ものが水にとけるって，どういうことなんだろう？

① 水溶液(すいようえき)

食塩を水にとかすと食塩水ができます。

このとき，食塩を**溶質**(ようしつ)，水を**溶媒**(ようばい)，食塩水を**溶液**(ようえき)といいます。

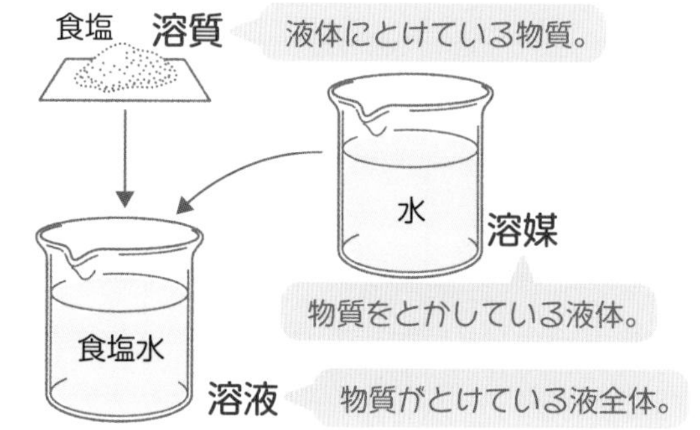

ものが水にとけるようすを，粒子(りゅうし)のモデルで表してみましょう。

コーヒーシュガー（角砂糖）を水に入れると，目に見えない小さな粒子となって均一に広がっていきます。

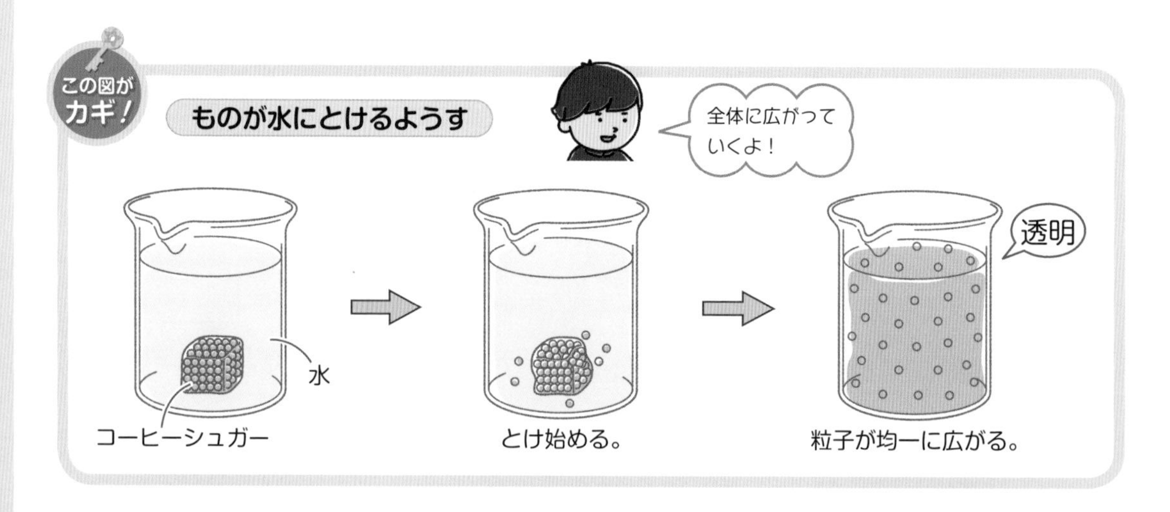

ここにも注目

水溶液は透明で，無色のものもあれば，コーヒーシュガーがとけた水溶液など，色がついているものもある。

どの部分も濃(こ)さは同じで，時間がたっても下にたまったりはしないよ！

解いてみよう！

解答 p.6

1 次の図の①～③にあてはまる語句を入れましょう。

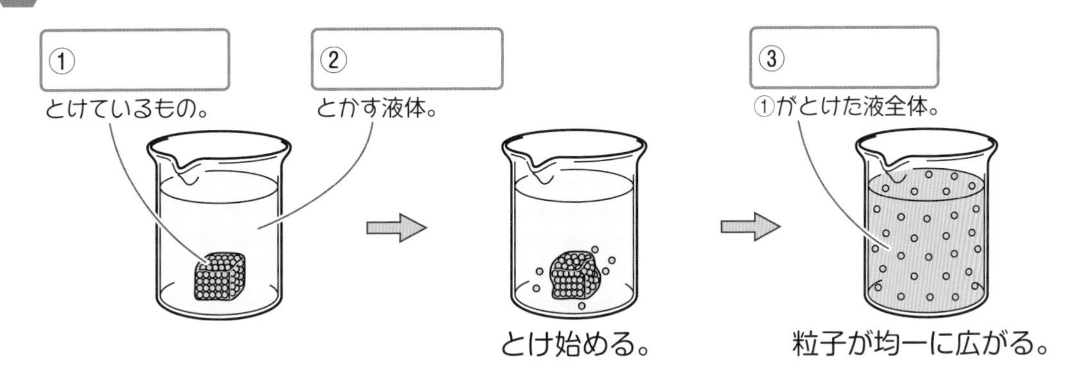

2 砂糖を水にとかして水溶液をつくりました。次の問いに答えましょう。

(1) この水溶液の溶媒は何ですか。

(2) この水溶液の溶質は何ですか。

(3) 水溶液の濃さはどうなっていますか。次の**ア**～**エ**から選びましょう。

ア 上のほうが濃くなっている。　**イ** 下のほうが濃くなっている。
ウ 真ん中のほうが濃くなっている。　**エ** どの部分でも同じ濃さになっている。

(4) 水溶液にとけた砂糖の粒子のようすとして正しいものを，次の**ア**～**エ**から選びましょう。

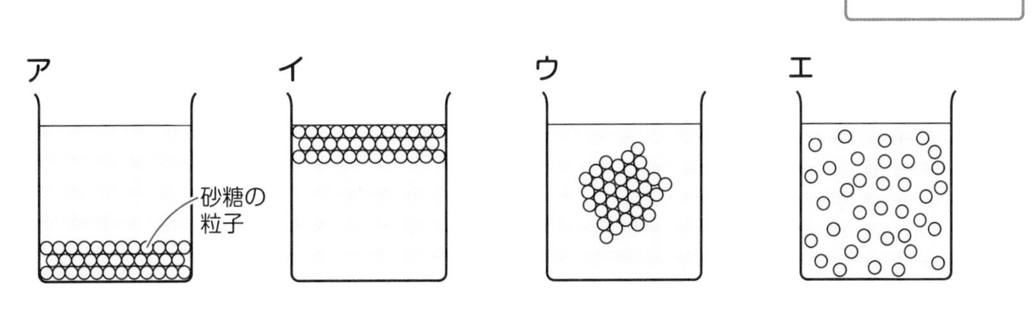

コレだけ！

- □ 溶質が溶媒にとけている液全体を溶液という。
- □ 溶液の濃さはどの部分でも同じで，時間がたってもその濃さは変わらない。

ステージ 20

水溶液の濃度

水溶液の濃さを求めてみよう！

果汁30%のオレンジジュースと果汁100%のオレンジジュース，濃さはどうやって求めるんだろう？

1 質量パーセント濃度

溶液の濃さを**濃度**といいます。

濃度を，溶質の質量が溶液全体の質量の何%かで表したものを**質量パーセント濃度**といいます。

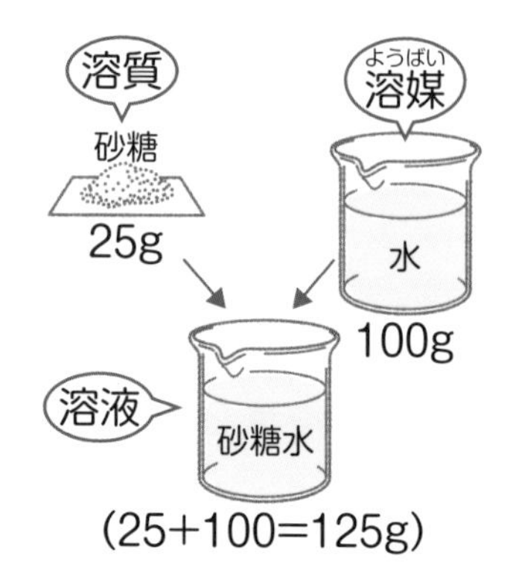

質量パーセント濃度を求める公式

$$質量パーセント濃度〔\%〕=\frac{溶質の質量〔g〕}{溶液の質量〔g〕}\times 100$$

$$=\frac{溶質の質量〔g〕}{溶質の質量〔g〕+溶媒の質量〔g〕}\times 100$$

溶液は溶質と溶媒を合わせたものだから，この式でも求められる。

140gの水に60gの砂糖をとかします。
この砂糖水の質量パーセント濃度を求めましょう。

［解き方］

溶質の質量は**60g**，溶液の質量は，60g＋140g＝**200g**だから，

$$質量パーセント濃度〔\%〕=\frac{溶質の質量〔g〕}{溶液の質量〔g〕}\times 100より，$$

$$\frac{60g}{200g}\times 100=30より，$$ **30%**…答

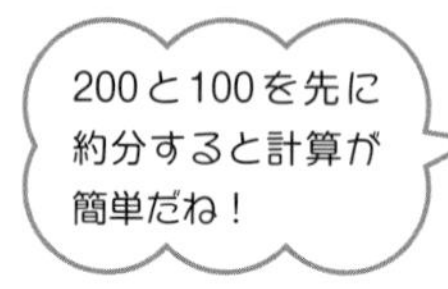

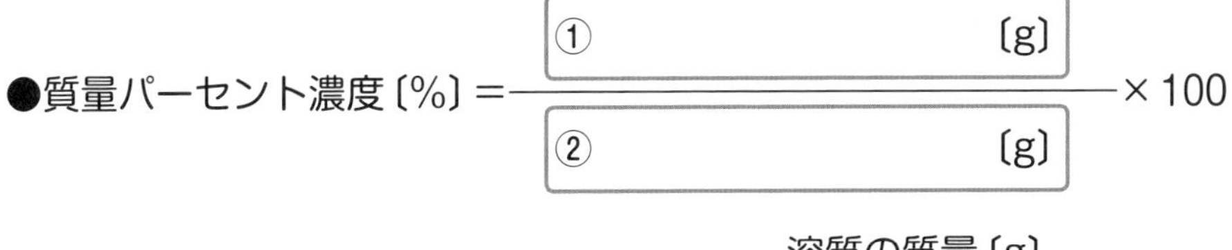

解答 p.7

1 次の式の①～③にあてはまる語句を入れましょう。

●質量パーセント濃度〔%〕$= \dfrac{①\qquad〔g〕}{②\qquad〔g〕} \times 100$

$= \dfrac{溶質の質量〔g〕}{溶質の質量〔g〕+③\qquad〔g〕} \times 100$

2 次の問いに答えましょう。

(1)　20gの食塩を水にとかして，100gの食塩水をつくりました。この食塩水の質量パーセント濃度は何%ですか。

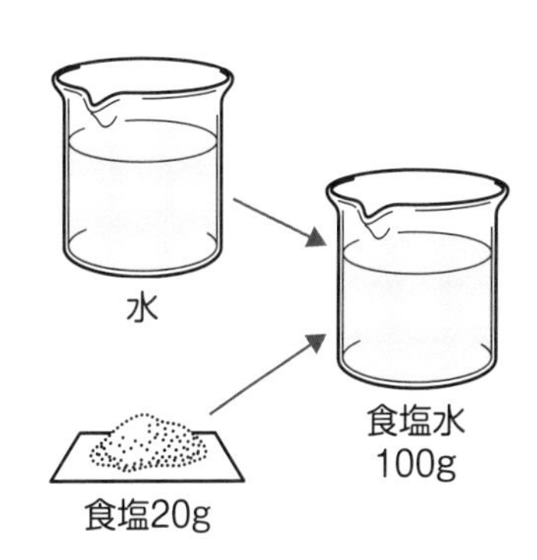

(2)　150gの水に50gの砂糖をとかして砂糖水をつくりました。この砂糖水の質量パーセント濃度は何%ですか。

(3)　質量パーセント濃度が５%の食塩水が100gあります。この食塩水にとけている食塩の質量は何gですか。

コレだけ！

□ **質量パーセント濃度〔%〕$= \dfrac{溶質の質量〔g〕}{溶液の質量〔g〕} \times 100$**

ステージ 21

溶解度

水にとける量を調べよう！

砂糖や食塩は水にいくらでもとけるのかな？ものが水にとける量にはきまりがあるのか見てみよう！

1 飽和水溶液

物質を水にとかしていったとき，もうこれ以上とけない状態を**飽和**といいます。
また，飽和した水溶液を**飽和水溶液**といいます。

2 溶解度

100gの水に物質をとかしていって飽和水溶液をつくったとき，100gの水にとけている物質の質量を**溶解度**といいます。

溶解度は，物質の種類によって決まっていて，水の温度によって変化します。

水の温度変化と溶解度の関係を表したグラフを**溶解度曲線**といいます。

硝酸カリウム

32gとける 110gとける

水 100g 20℃　水 100g 60℃

水の温度が高いほうがたくさんとける。

この図がカギ！

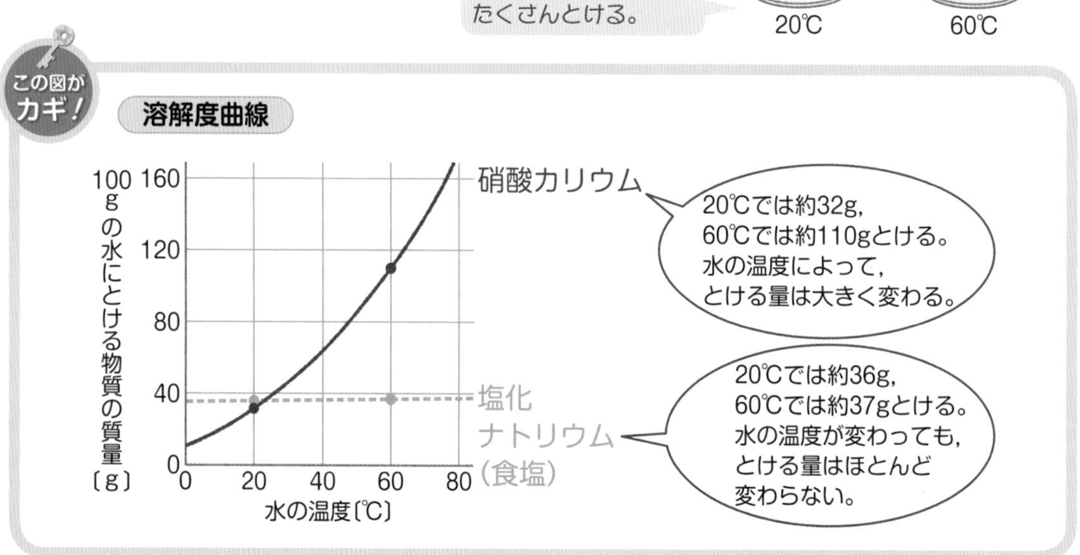

解いてみよう！

解答 p.7

1 次の図の①，②にあてはまる語句を入れましょう。

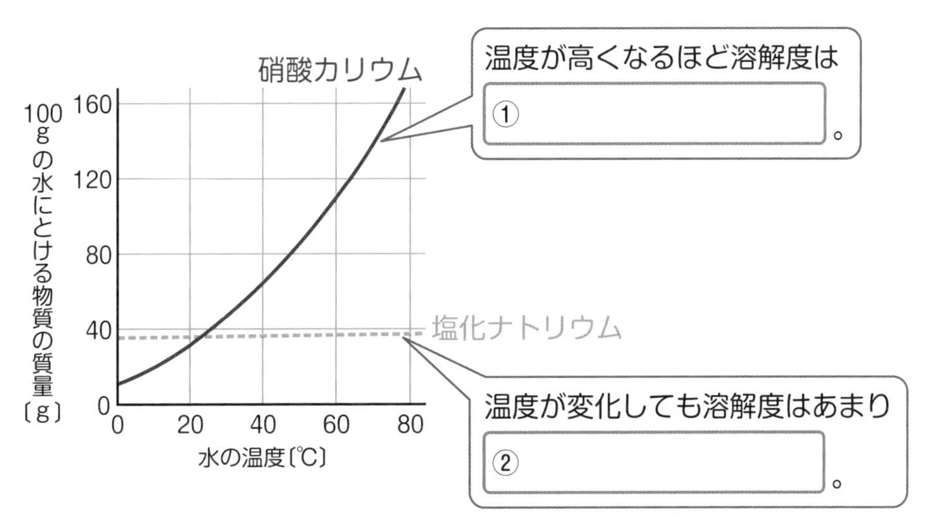

2 右の図は，水の温度と100gの水にとける物質の質量との関係をグラフに表したものです。次の問いに答えましょう。

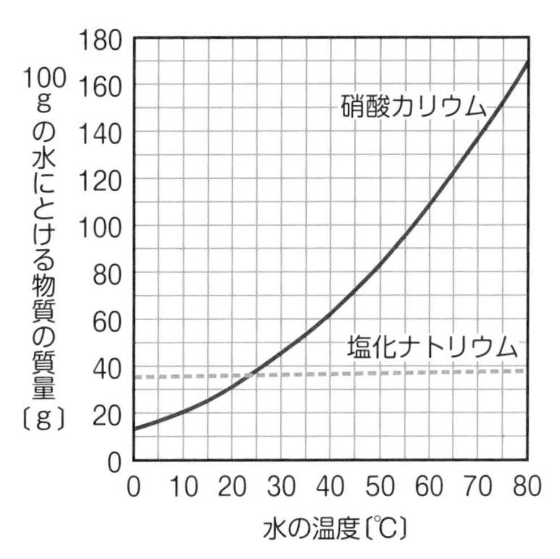

(1) 右の図のようなグラフを何といいますか。

(2) 物質がこれ以上とけなくなった状態の水溶液を何といいますか。

(3) 硝酸カリウムは，60℃の水100gにおよそ何gまでとかすことができますか。

(4) 温度が変わっても，100gの水にとける物質の質量があまり変化しないのは，硝酸カリウムと塩化ナトリウムのどちらですか。

コレだけ！

- □ 物質がこれ以上とけなくなった状態の水溶液を飽和水溶液という。
- □ 水100gに物質をとかして飽和水溶液をつくったときの溶質の質量を溶解度という。

ステージ 22

とけた物質のとり出し方

水にとけたものをとり出してみよう！

塩おむすびなどをつくるときに使う食塩は，海水からとり出したものなんだ。どうやって海水から塩をとり出すのかな？

① 再結晶

水溶液からとけているものをとり出す方法には，次の２種類があります。

- **温度によって溶解度があまり変化しない物質**
  ➡水溶液を加熱して水を蒸発させる。
- **温度によって溶解度が大きく変化する物質**
  ➡水溶液を冷やす。

出てきた固体は規則正しい形をしていて，これを**結晶**といいます。

このように，物質を一度水にとかして，水を蒸発させたり，温度を下げたりして再び結晶としてとり出すことを**再結晶**といいます。

ここにも注目

出てきた結晶と液体は，ろ過によって分けることができる。

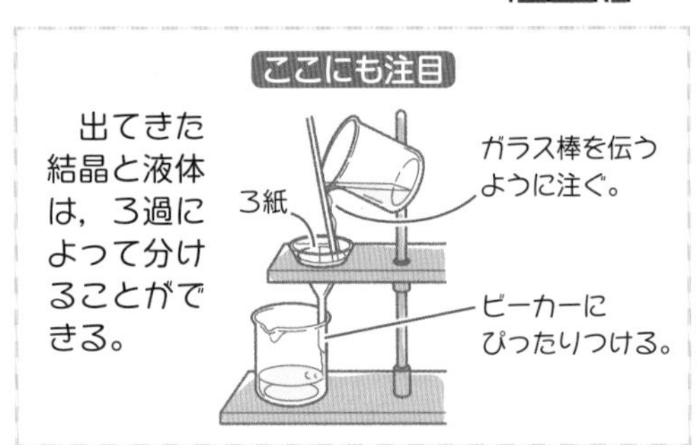

溶解度曲線を読みとる

60℃の水100gに硝酸カリウムをとかしてつくった飽和水溶液を30℃まで冷やして結晶としてとり出す。

このとき，とり出すことのできる結晶の質量は，■で表される部分となる。

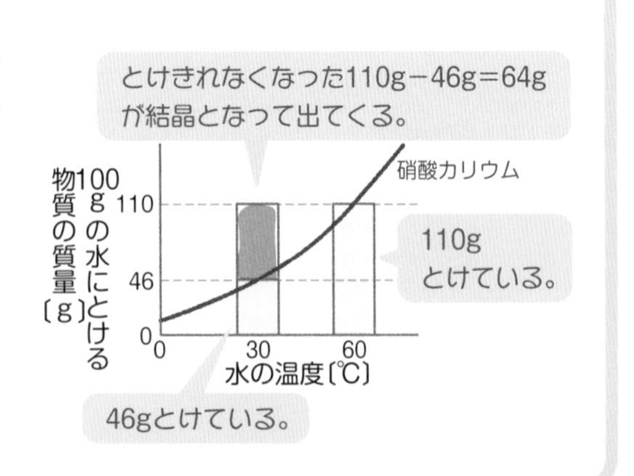

② 純粋な物質と混合物

水や塩化ナトリウムのように，１種類の物質でできているものを**純粋な物質**（**純物質**），水溶液や空気のように，いくつかの物質が混じり合ったものを**混合物**といいます。

解いてみよう！

解答 p.7

1 次の①～③にあてはまる数を入れましょう。

60℃の水100gに硝酸カリウムをとかしてつくった飽和水溶液を30℃まで冷やして結晶をとり出します。

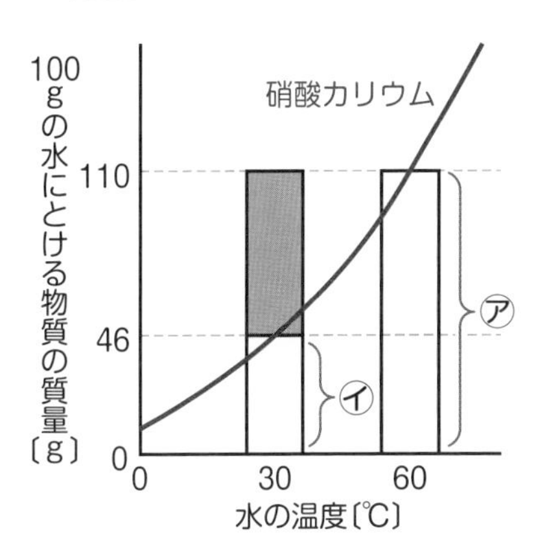

㋐60℃のときにとけている硝酸カリウムの質量

① ______ g

㋑30℃のときにとけている硝酸カリウムの質量

② ______ g

とり出せる結晶の質量は，①－②より，

③ ______ g

2 次の表は，いろいろな温度の水100gにとかすことのできる硝酸カリウムと塩化ナトリウムの質量をまとめたものです。あとの問いに答えましょう。

水の温度〔℃〕	20	40	60	80
硝酸カリウム〔g〕	31.6	63.9	109.2	168.8
塩化ナトリウム〔g〕	35.8	36.3	37.1	38.0

(1) 80℃の水100gに硝酸カリウムをとかしてつくった飽和水溶液を，20℃まで冷やしました。このとき，出てくる結晶は何gですか。

(2) 塩化ナトリウムをとかしてつくった飽和水溶液は，水の温度を下げても結晶があまり出てきませんでした。塩化ナトリウムの水溶液から結晶をとり出すには，どうすればよいですか。

(3) (2)の方法や水溶液の温度を下げることで，一度水にとかした物質を再び結晶としてとり出すことを何といいますか。

コレだけ！

□ **物質を一度水にとかして，水を蒸発させたり，温度を下げたりして再び結晶としてとり出すことを再結晶という。**

ステージ 23

物質のすがた

もののすがたを調べよう！

水は冷やすと氷になり，熱すると水蒸気になるよね。温度によってすがたを変えるしくみを見ていこう！

1 状態変化

物質が冷やされたり，あたためられたりすることで，その物質が**固体**，**液体**，**気体**とすがたを変えることを，**状態変化**といいます。

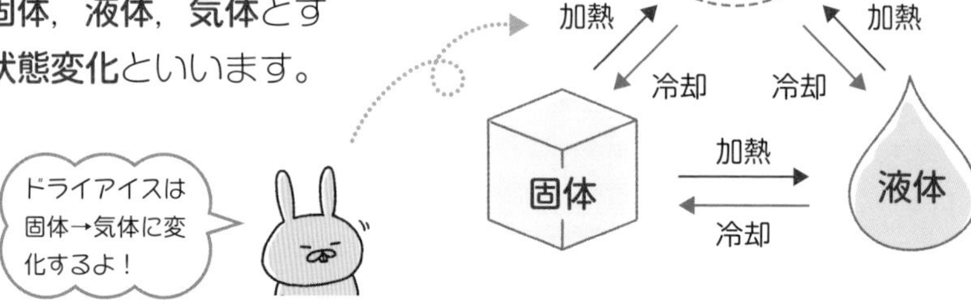

それぞれの状態のようすを粒子のモデルで見てみましょう。

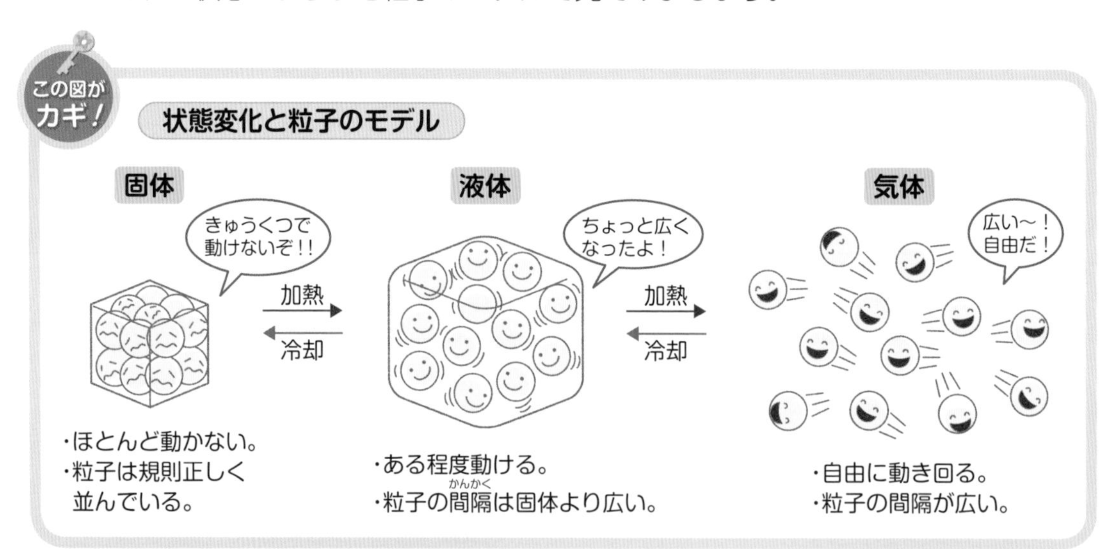

2 状態変化と体積・質量

ふつう，物質が固体→液体→気体と状態変化すると，体積は大きくなっていきます。

また，物質が状態変化するとき，体積は変化しますが，質量は変化しません。

体積は大きくなる。
固体 ろう → 液体
100g 100g
質量は変化しない。

ここにも注目

水は例外で，固体→液体と変化するとき，体積は小さくなる。

月　日

解いてみよう！

解答 p.7

1 次の図の①～③にあてはまる物質の状態を表す語句を入れましょう。

粒子が規則正しく並んでいる。

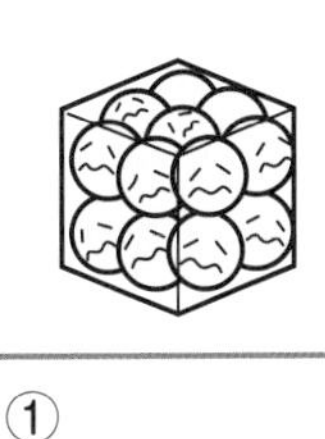

① [　　　]

加熱 → / ← 冷却

粒子の間隔が広がる。

② [　　　]

加熱 → / ← 冷却

粒子が自由に動き回る。

③ [　　　]

2 次の問いに答えましょう。

(1) 物質が冷やされたりあたためられたりして，固体，液体，気体とすがたを変えることを何といいますか。

[　　　]

(2) 液体のろうを冷やして固体にしました。ろうの質量は，変わりますか，変わりませんか。

[　　　]

(3) 固体のろうをあたためて液体にしました。ろうの体積は，大きくなりますか，小さくなりますか。

[　　　]

(4) 固体の水（氷）をあたためて液体（水）にしました。水の体積は，大きくなりますか，小さくなりますか。

[　　　]

コレだけ！

- □ **物質が温度によって，固体，液体，気体とすがたを変えることを状態変化という。**
- □ **状態変化では，体積は変化するが，質量は変化しない。**

ステージ 24

状態変化と温度

すがたが変わる温度を調べよう！

氷が0℃で水になることや，水が100℃で沸とうすることは知っているよね？状態変化と温度って何か関係あるのかな？

❶ 沸点と融点

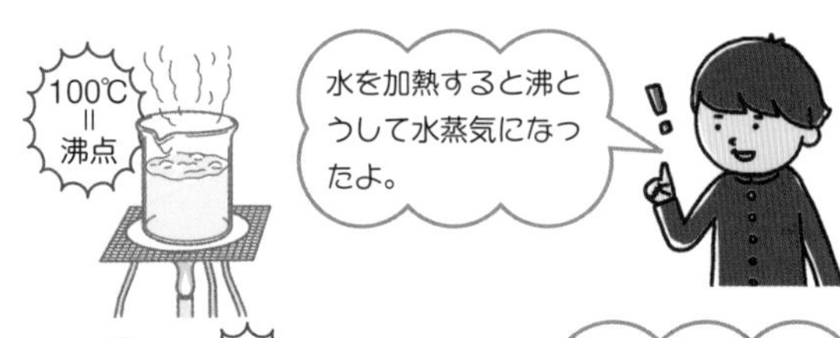

液体が沸とうして気体になるときの温度を**沸点**といいます。

固体がとけて液体になるときの温度を**融点**といいます。

純粋な物質の沸点や融点は，物質の種類によって決まっています。

物質	融点〔℃〕	沸点〔℃〕
水	0	100
エタノール	−115	78
窒素	−210	−196
鉄	1535	2750

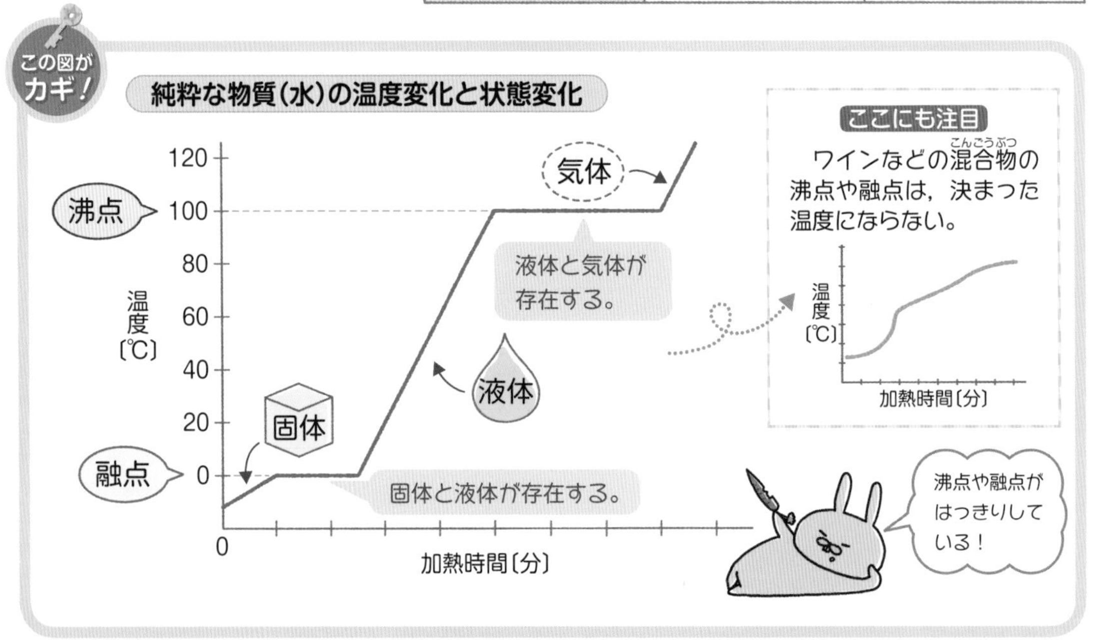

グラフを見ると，0℃では，固体がすべて液体になるまで温度は変わりません。また，100℃では，液体がすべて気体になるまで温度は変わりません。

解いてみよう！

解答 p.8

1 次の図の①，②にあてはまる語句，③～⑤には状態を表す語句を入れましょう。

●水の温度の変化と状態変化

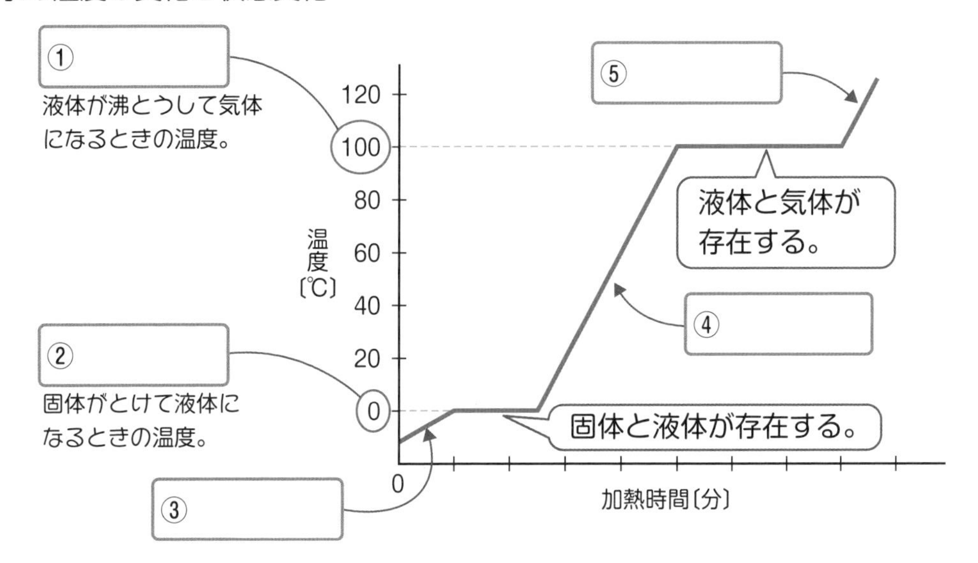

2 右の図は，固体の水（氷）を加熱したときの時間と温度の関係を表したものです。次の問いに答えましょう。

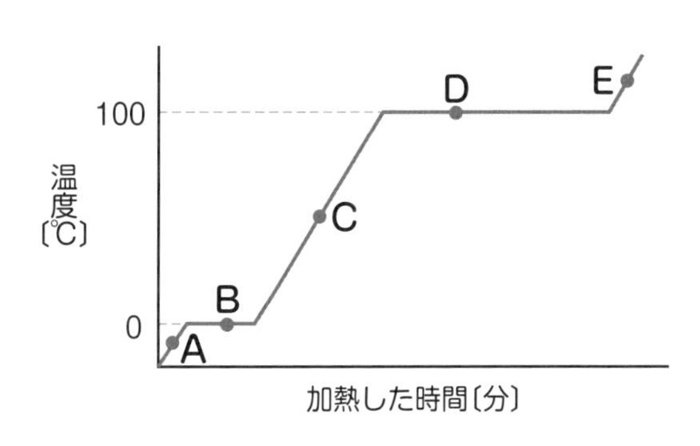

(1) A～Eから，気体の状態の水が存在しているものを，すべて選びましょう。

(2) 純粋な物質では，沸点や融点は，物質によって決まっていますか，決まっていませんか。

(3) 混合物では，沸点や融点は，物質によって決まっていますか，決まっていませんか。

コレだけ！

- □ 液体が沸とうして気体になるときの温度を沸点という。
- □ 固体がとけて液体になるときの温度を融点という。

ステージ 25

混合物の分け方

混ざった液体を分けてみよう！

水とエタノールが混ざった液体からエタノールだけをとり出すことはできるのかな？

液体を加熱して，出てくる気体を冷やして再び液体としてとり出すことを**蒸留**(じょうりゅう)といいます。

◆水とエタノールの混合物からエタノールをとり出す実験◆

実験方法

①水とエタノールの混合物(こんごうぶつ)を図のような装置で加熱する。
②出てきた液体を2 cm^3 ずつ3本の試験管A，B，Cに順に集める。
③集めた液体のにおいを調べる。
④集めた液体に火を近づけて燃えるかどうかを調べる。

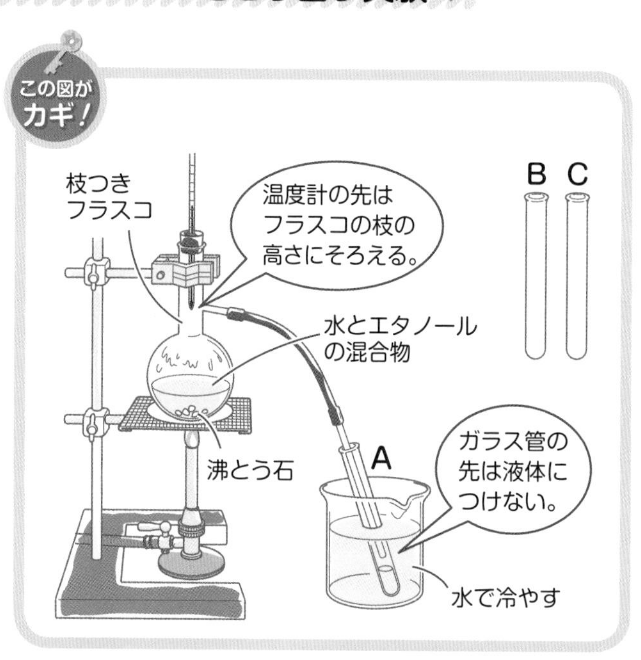

実験結果

試験管	におい	火を近づける
A	エタノールのにおいがした。	よく燃えた。
B	少しエタノールのにおいがした。	少し燃え，すぐに消えた。
C	ほとんどにおいはしなかった。	燃えなかった。

エタノールは燃えやすい。

・試験管Aにはエタノールが多くふくまれている。
・試験管Cには水が多くふくまれている。

まとめ

水とエタノールの混合物を加熱すると，沸点(ふってん)の低いエタノールが先に出てくる。
➡**沸点のちがいを利用して，蒸留によって混合物をそれぞれの物質に分けることができる。**

解いてみよう！

解答 p.8

1 水とエタノールの混合物を図のような装置を用いて加熱し，出てきた気体を３本の試験管に集めました。あとの問いに答えましょう。

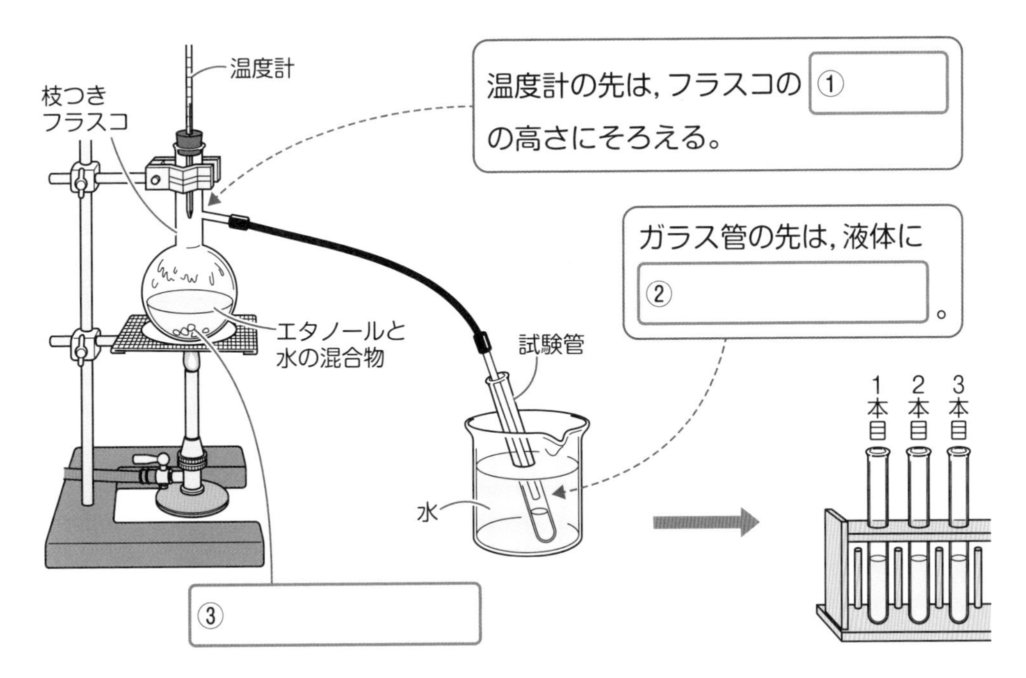

(1)　上の図の①〜③にあてはまる語句を入れましょう。

(2)　１本目の試験管に集めた液体にマッチの火を近づけると，液体は燃えますか，燃えませんか。

(3)　１本目の試験管に多くふくまれていた液体は，水とエタノールのどちらですか。

(4)　液体を加熱して，出てくる気体を冷やして再び液体としてとり出すことを何といいますか。

コレだけ！

- □ **液体を加熱して，出てくる気体を冷やして再び液体としてとり出すことを蒸留という。**
- □ **沸点のちがいを利用して，混合物は蒸留によって分けることができる。**

確認テスト

解答 p.8

/100点

1 **右のA～Dの物質について，次の問いに答えましょう。**（7点×3） ステージ 13 14

A 食塩	B プラスチック
C 砂糖	D アルミニウム

(1) A～Dのうち，加熱すると燃えて二酸化炭素を発生するものはどれですか。すべて選びましょう。

(2) (1)のような物質を何といいますか。

(3) A～Dのうち，電気をよく通す，熱をよく伝える，みがくと光るなどの性質をもつものはどれですか。

2 **右の表は，気体A～Cの発生方法をまとめたもので，A～Cは，水素，酸素，二酸化炭素のいずれかです。次の問いに答えましょう。**（6点×5） ステージ 16 17 18

気体	発生方法
A	二酸化マンガンにオキシドールを加える。
B	石灰石にうすい（ X ）を加える。
C	亜鉛（あえん）にうすい（ X ）を加える。

(1) 気体Aの名称を答えましょう。

(2) 表の（ X ）にあてはまる物質名を次のア～ウから選びましょう。

ア 水酸化ナトリウム水溶液
イ 塩酸
ウ 食塩水

(3) 気体Cを集める方法として，もっとも適している方法は何ですか。

(4) 気体A～Cのうち，物質の中で密度（みつど）がもっとも小さい気体はどれですか。

(5) 気体A～Cのうち，水にとかしたとき，その水溶液（すいようえき）が酸性を示す気体はどれですか。

硝酸カリウム水溶液について，次の問いに答えましょう。（7点×3）

ステージ 19 20 21 22

(1) 硝酸カリウムをとかしている水のように，物質をとかしている液体を何といいますか。

(2) 85 g の水に，15 g の硝酸カリウムをとかしました。この水溶液の質量パーセント濃度は何%ですか。

(3) 右の表は，20℃と60℃の水100 g にとかすことのできる硝酸カリウムの質量をまとめたものです。60℃の水100 g に50 g の硝酸カリウムをとかして水溶液をつくり，この水溶液を20℃まで冷やすと何 g の結晶が出てきますか。

水の温度〔℃〕	20	60
硝酸カリウムの質量〔g〕	31.6	109.2

右の図は，固体の水（氷）を加熱したときの加熱した時間と温度との関係を表したものです。次の問いに答えましょう。（7点×4）

ステージ 23 24

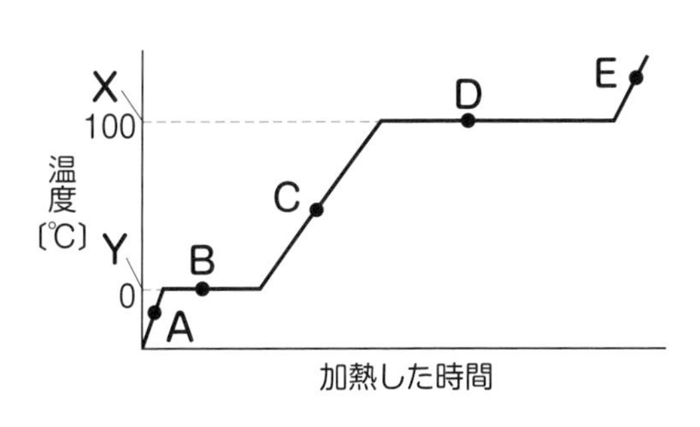

(1) 図のX，Yの温度をそれぞれ何といいますか。

X　　　Y

(2) 図のA～Eのうち，液体と気体が存在する状態にあるのはどれですか。

(3) 水が固体から液体に変化すると，体積はどうなりますか。次のア～ウから選びましょう。

ア　大きくなる。　**イ**　小さくなる。　**ウ**　変わらない。

ととまるの
プラス1ページ

メスシリンダーの使い方

水などの液体の体積をはかるときは，メスシリンダーを使う。メスシリンダーを使うときは，次のことに注意する。

①メスシリンダーを水平な台の上に置く。
②目の高さを液面と同じ高さにする。
③目盛りは，液面の中央の平らなところを読む。
④目盛りを読むときは，いちばん小さい目盛りの$\frac{1}{10}$まで目分量で読む。

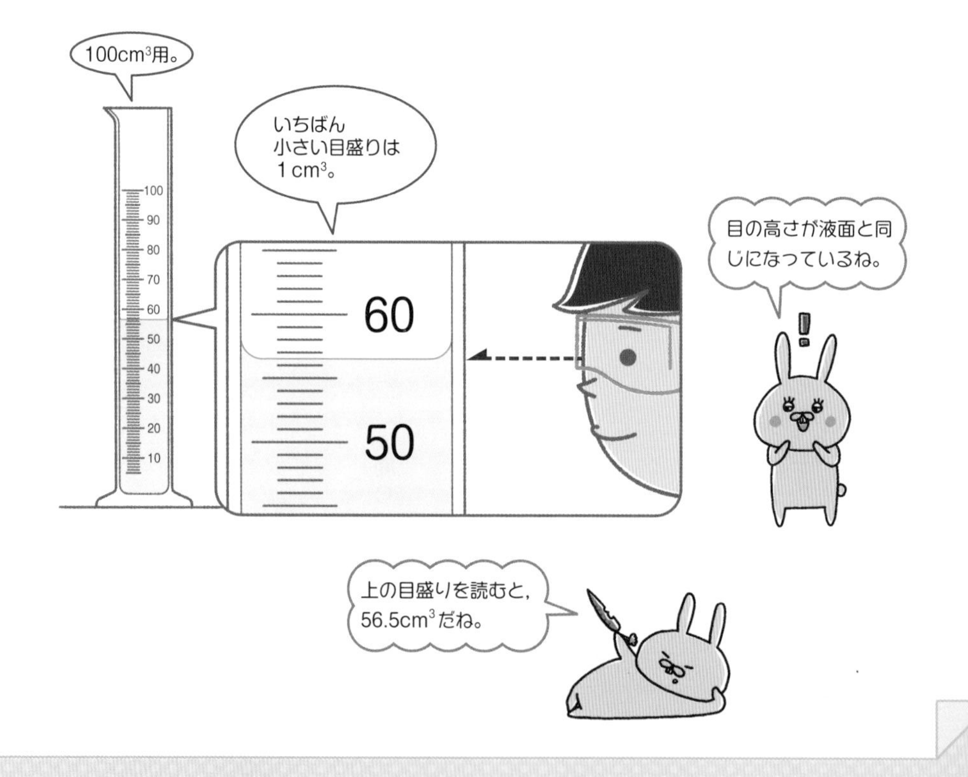

光・音・力

ものはどうやって見えるのだろう？
音の大きさや高さを変えるにはどうしたらいい？
わたしたちの身のまわりには，光や音の性質，力のはたらきにかかわるさまざまな現象が見られるよ。
　音楽室に，その現象を解き明かすヒントがあるみたいだよ！

ステージ 26

光の反射

光のはね返り方を調べよう！

きれいな景色や教室の黒板など，いろいろなものが見えるのは，光のおかげなんだよ。光はどうやって進むのかな？

1 光の進み方

太陽やろうそくの炎のように，みずから光を出しているものを**光源**（こうげん）といいます。

光源から出た光はまっすぐに進みます（**光の直進**（ひかりのちょくしん））。

また，光源から出た光は，物体の表面に当たるとはね返ります（**光の反射**（ひかりのはんしゃ））。

2 反射の法則

鏡で反射する光について，くわしく見てみましょう。

鏡に対して垂直な線と入ってくる光の間の角を**入射角**（にゅうしゃかく），鏡に対して垂直な線とはね返った光の間の角を**反射角**（はんしゃかく）といいます。

このとき，入射角と反射角は等しくなります（**反射の法則**）。

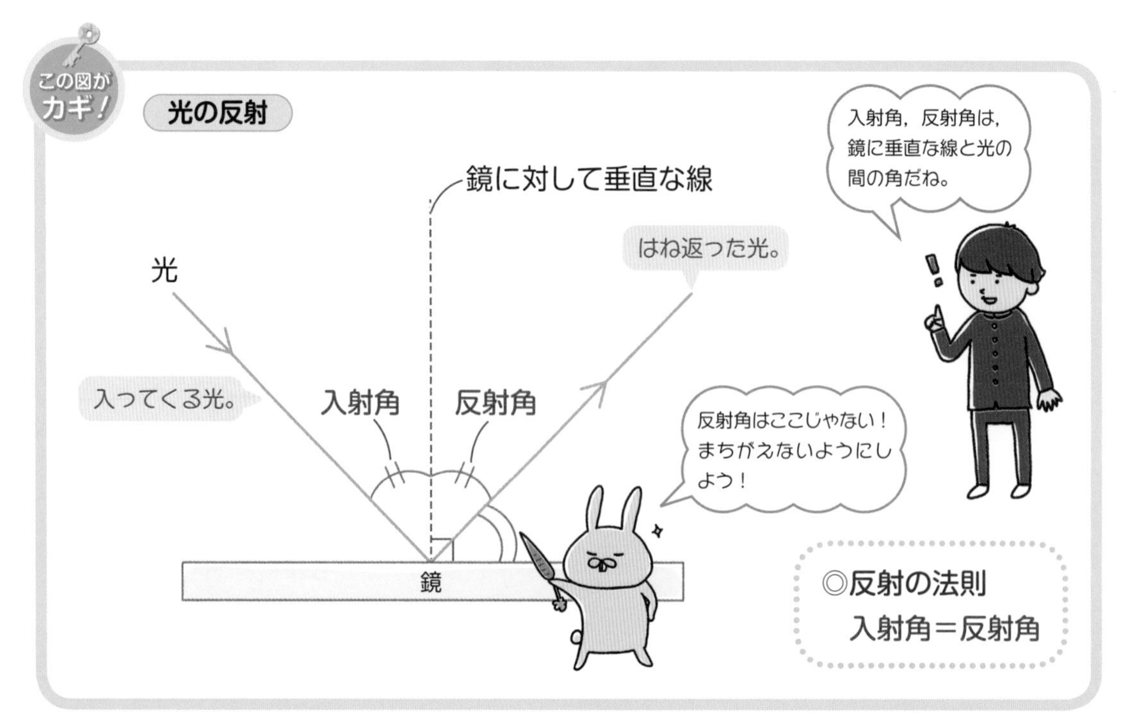

解いてみよう！

解答 p.9

1 次の図の①〜③にあてはまる語句や記号を入れましょう。

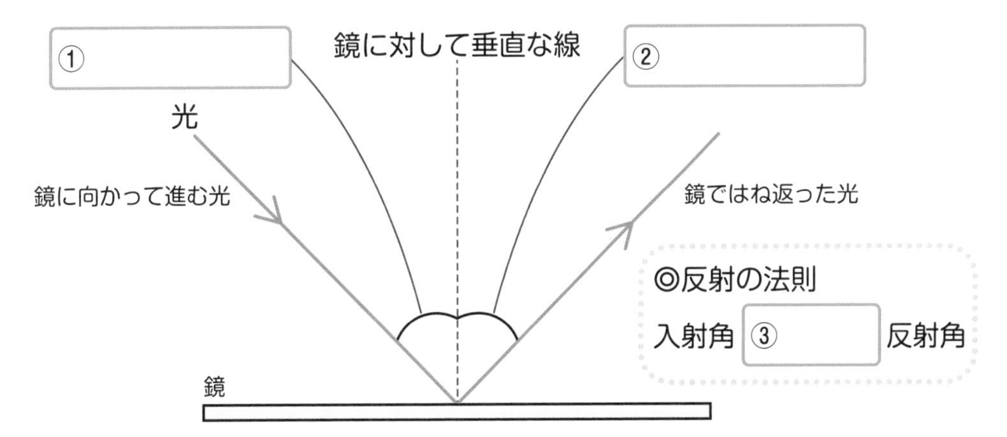

2 次の問いに答えましょう。

(1) 太陽や電灯のように，みずから光を出しているものを何といいますか。

(2) 光が物体に当たってはね返ることを何といいますか。

3 次の問いに答えましょう。

(1) 右の図で，反射角を表しているのは，a〜d のどれですか。記号で答えましょう。

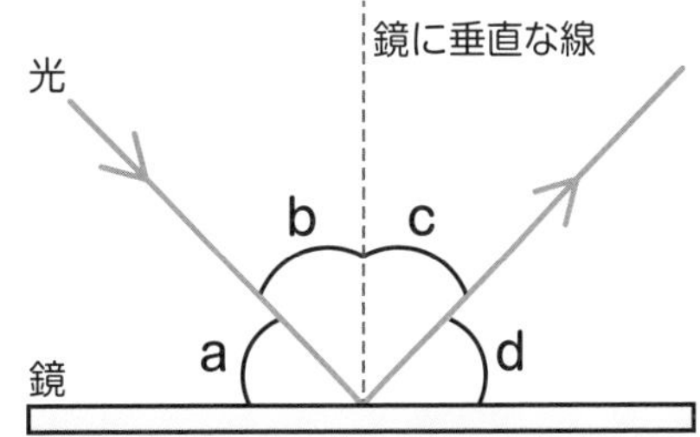

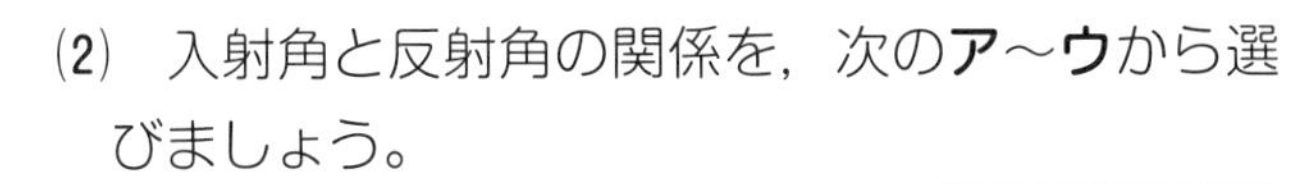

(2) 入射角と反射角の関係を，次の**ア**〜**ウ**から選びましょう。

ア 入射角＞反射角　　**イ** 入射角＜反射角　　**ウ** 入射角＝反射角

(3) (2)のような関係を何といいますか。

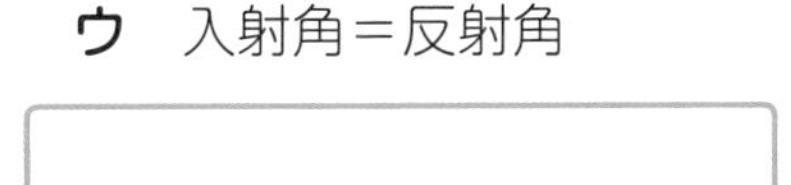

コレだけ！

- □ **光源からの光は直進して，物体に当たると反射する。**
- □ **反射の法則…入射角＝反射角。**

ステージ 27

鏡にうつった像

鏡にうつって見えるものを調べよう！

髪(かみ)を整えるとき，鏡にうつった自分のすがたをチェックするよね？鏡にうつるってどういうことか考えてみよう！

1 鏡にうつる像(ぞう)

物体を鏡にうつしたとき，鏡のおくに見える物体を**像**といいます。

鏡の中に像が見えるときの光の進み方を見てみましょう。

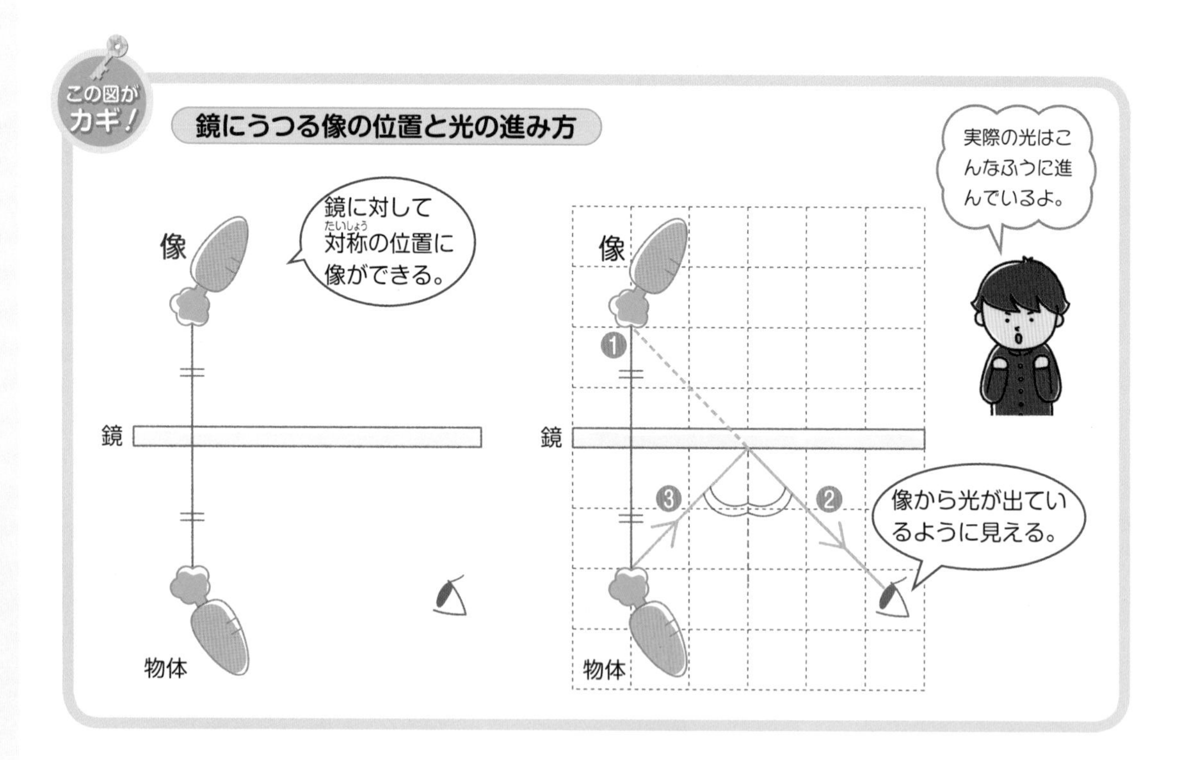

◎**作図の方法**

❶鏡に対して物体と対称の位置に像をかく。

❷像と目を直線で結ぶ。

❸❷の直線と鏡との交点と物体を直線で結ぶ。

解いてみよう！

解答 p.9

1 次の図の①にあてはまる語句を入れましょう。また，図中の--------をなぞりましょう。

●鏡にうつった像の位置と光の進み方の作図

❶

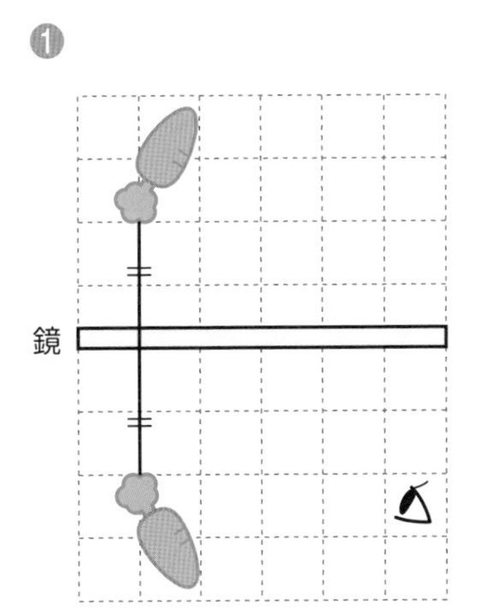

鏡に対して物体と ① ＿＿＿ の位置に像をかく。

❷

鏡

像と目を直線で結ぶ。

❸

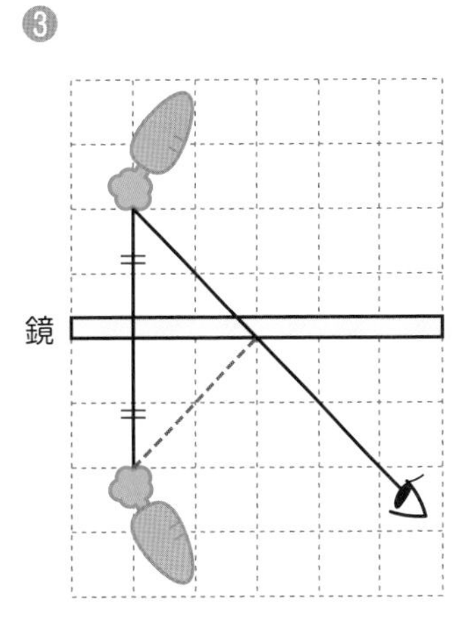

❷の直線と鏡との交点と物体を直線で結ぶ。

2 次の問いに答えましょう。

(1) 物体を鏡にうつしたとき，鏡のおくに見える物体を何といいますか。

＿＿＿＿

(2) 右の図の位置に物体があるとき，鏡にうつって見える像の位置に・をかきましょう。

(3) 右の図の位置に物体があるとき，物体から出た光が目にとどくまでの光の道すじを作図しましょう。

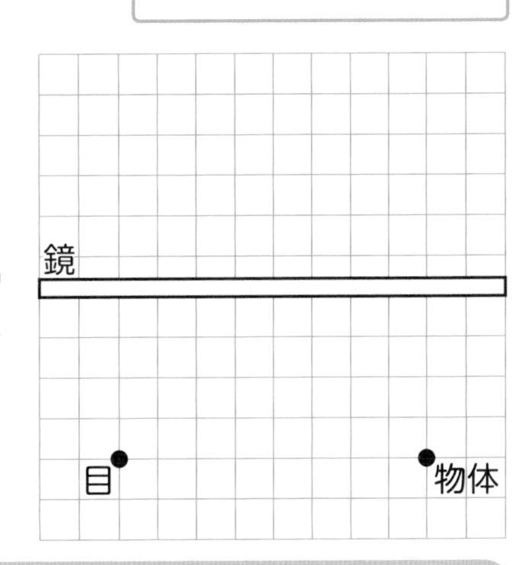

コレだけ！

- □ **物体を鏡にうつしたとき，鏡のおくに見える物体を像という。**
- □ **鏡にうつる像は，鏡に対して物体と対称の位置に見える。**

ステージ 28

光の屈折

光の曲がり方をおさえよう！

プールに入ったとき，自分のあしがずいぶん短く見えたことはないかな？そのしくみを考えてみよう！

1 光の屈折

光は，空気中から水中や，ガラス中から空気中など，透明な物質から別の透明な物質へななめに進むとき，その境界面で折れ曲がります（**光の屈折**）。

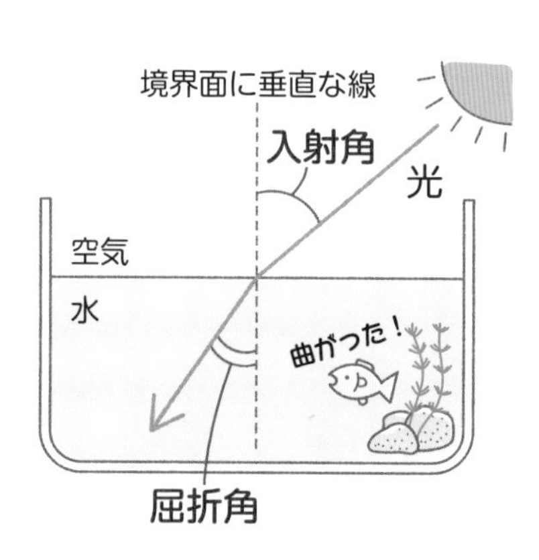

境界面に垂直な線と入射する光との間の角を**入射角**，境界面に垂直な線と屈折した光との間の角を**屈折角**といいます。

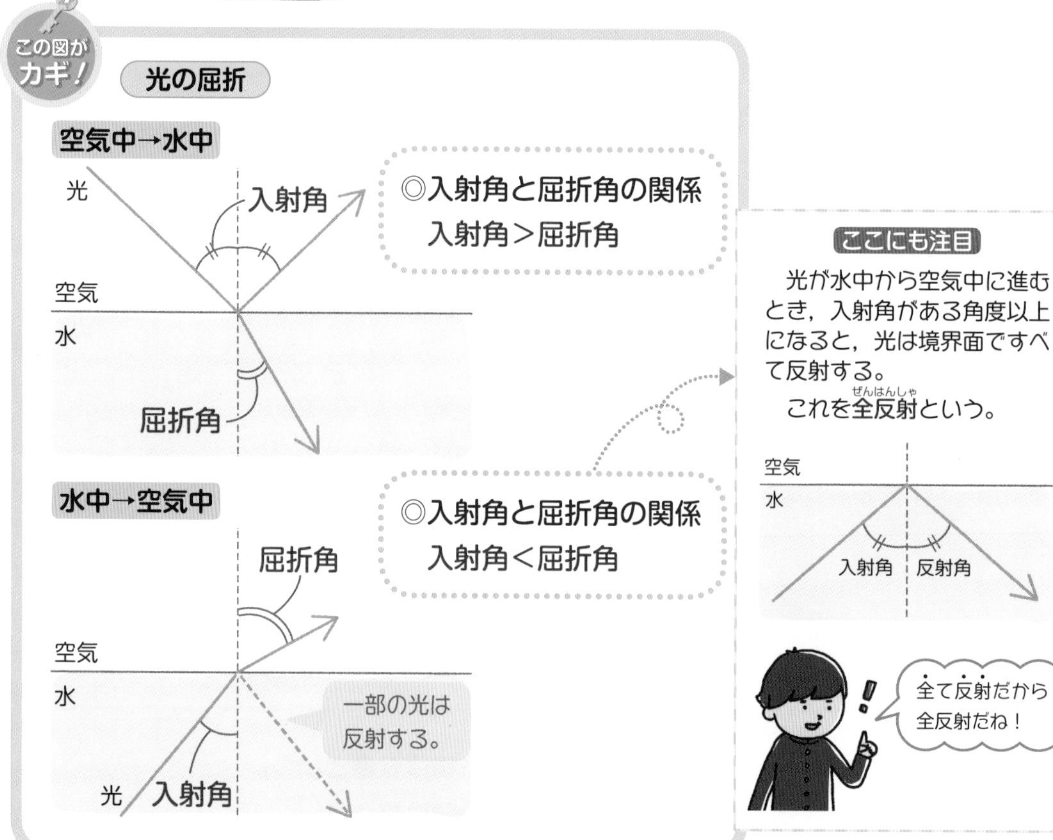

解いてみよう！

解答 p.9

1 次の図の①～④にあてはまる語句や，=，>，<のどれかの記号を入れましょう。

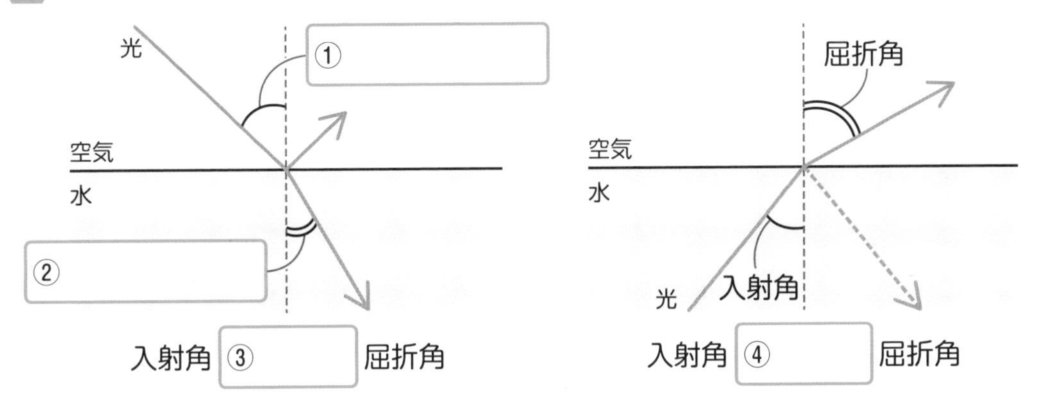

2 光が空気中から水中へ進むときのようすについて，次の問いに答えましょう。

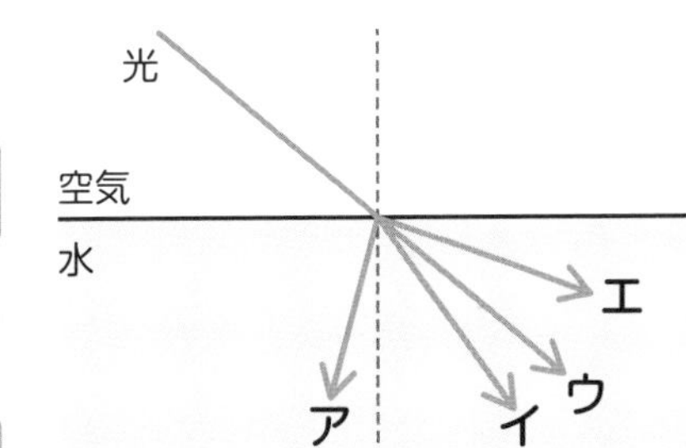

(1) 光はどのように進みますか。図の**ア**～**エ**から選びましょう。

(2) 光が空気中から水中へ進むとき，入射角と屈折角ではどちらが大きいですか。

3 光が水中から空気中へ進むときのようすについて，次の問いに答えましょう。

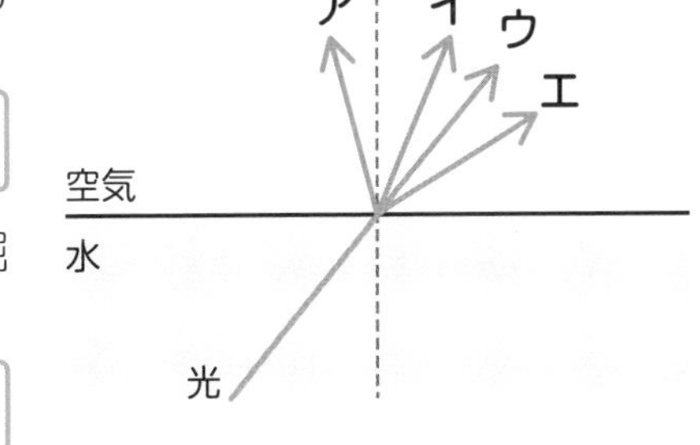

(1) 光はどのように進みますか。図の**ア**～**エ**から選びましょう。

(2) 光が水中から空気中へ進むとき，入射角と屈折角ではどちらが大きいですか。

(3) 入射角がある角度以上になると，光は境界面ですべて反射します。この現象を何といいますか。

コレだけ！

- □ 光が空気中から水中へななめに進むときの入射角と屈折角の関係は，入射角>屈折角。
- □ 光が水中から空気中へななめに進むときの入射角と屈折角の関係は，入射角<屈折角。

ステージ 29

凸レンズを通る光

凸レンズを通る光の進み方を調べよう！

虫めがねにも使われている凸レンズ。凸レンズを通った光はどのように進むのかを見ていこう！

1 凸レンズ

虫めがねのような中心がふくらんだレンズを**凸レンズ**といいます。

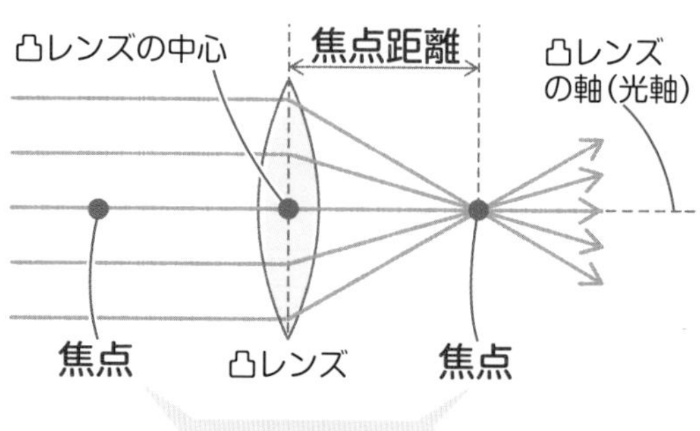

凸レンズの軸（光軸）に平行な光が凸レンズに入ると，光は屈折して１点に集まります。この点を**焦点**といいます。

また，凸レンズの中心から焦点までの距離を**焦点距離**といいます。

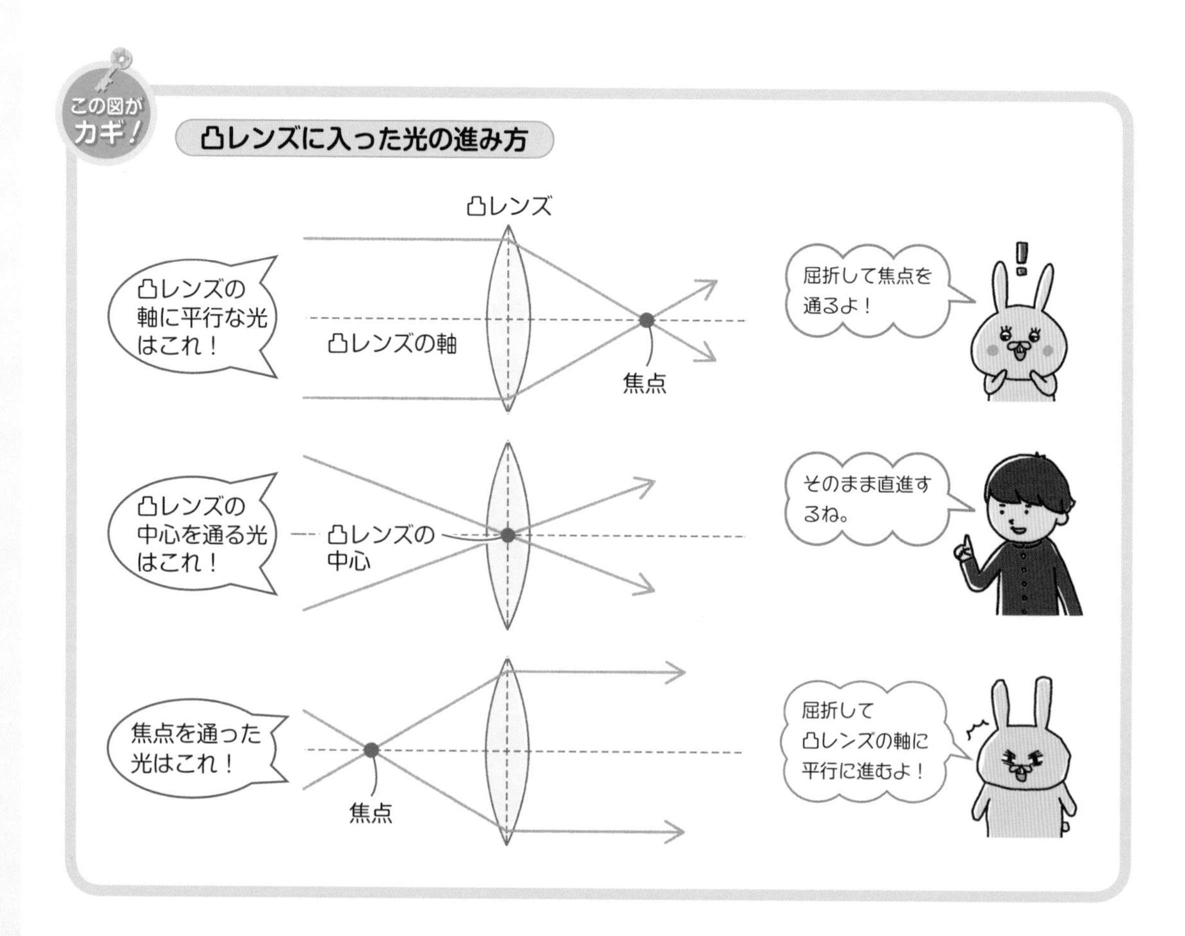

解答 p.9

1 次の図の①～③にあてはまる語句を入れましょう。

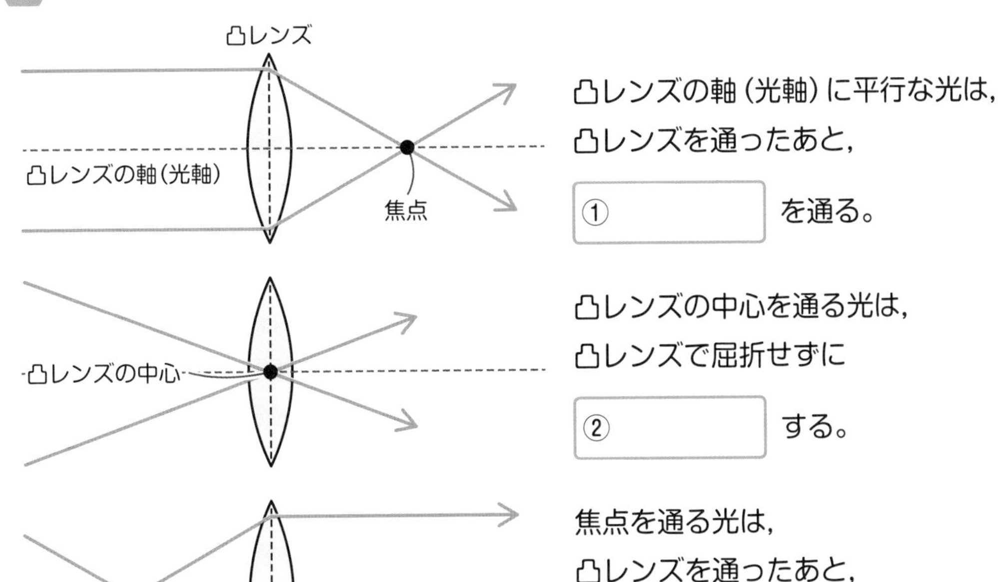

凸レンズの軸（光軸）に平行な光は，凸レンズを通ったあと，①［　　　］を通る。

凸レンズの中心を通る光は，凸レンズで屈折せずに②［　　　］する。

焦点を通る光は，凸レンズを通ったあと，凸レンズの軸に③［　　　］に進む。

2 次の問いに答えましょう。

(1)　凸レンズの軸に平行な光は，凸レンズで屈折して１点に集まります。この点を何といいますか。［　　　］

(2)　凸レンズの中心から(1)までの距離を何といいますか。［　　　］

(3)　次の①～③の凸レンズを通る光の道すじをかきましょう。

①
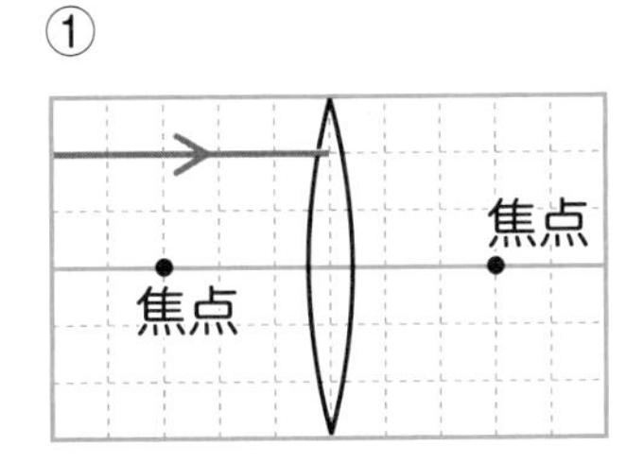

②
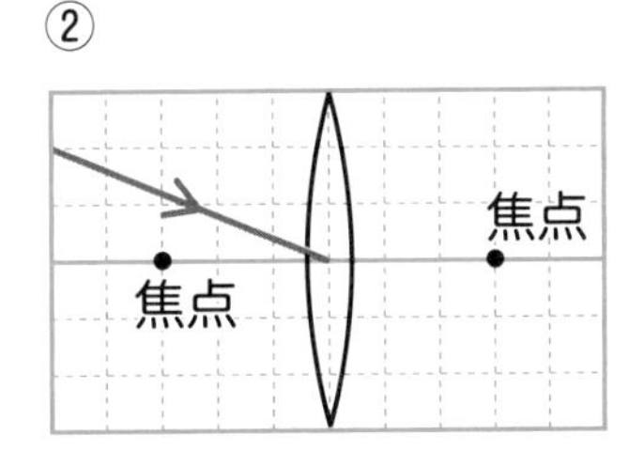

③
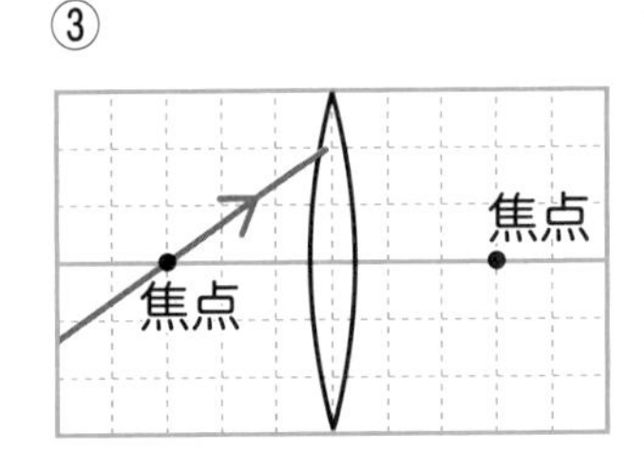

コレだけ！

- □ **凸レンズの軸に平行な光が，凸レンズで屈折して１点に集まる点を焦点という。**
- □ **凸レンズの中心から焦点までの距離を焦点距離という。**

ステージ 30

実像

スクリーンにできる像を見てみよう！

凸(とつ)レンズを通して，スクリーンに像をうつしてみよう！
物体を凸レンズに近づけたり，遠ざけたりすると，像はどうなるのかな？

1 実像(じつぞう)

物体を凸レンズの焦点(しょうてん)の外側に置くと，スクリーンに像がうつります。

このように，凸レンズを通った光が集まってできた像を**実像**といいます。

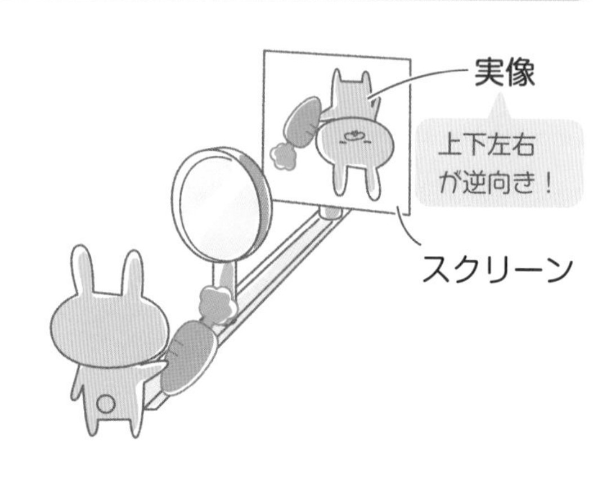

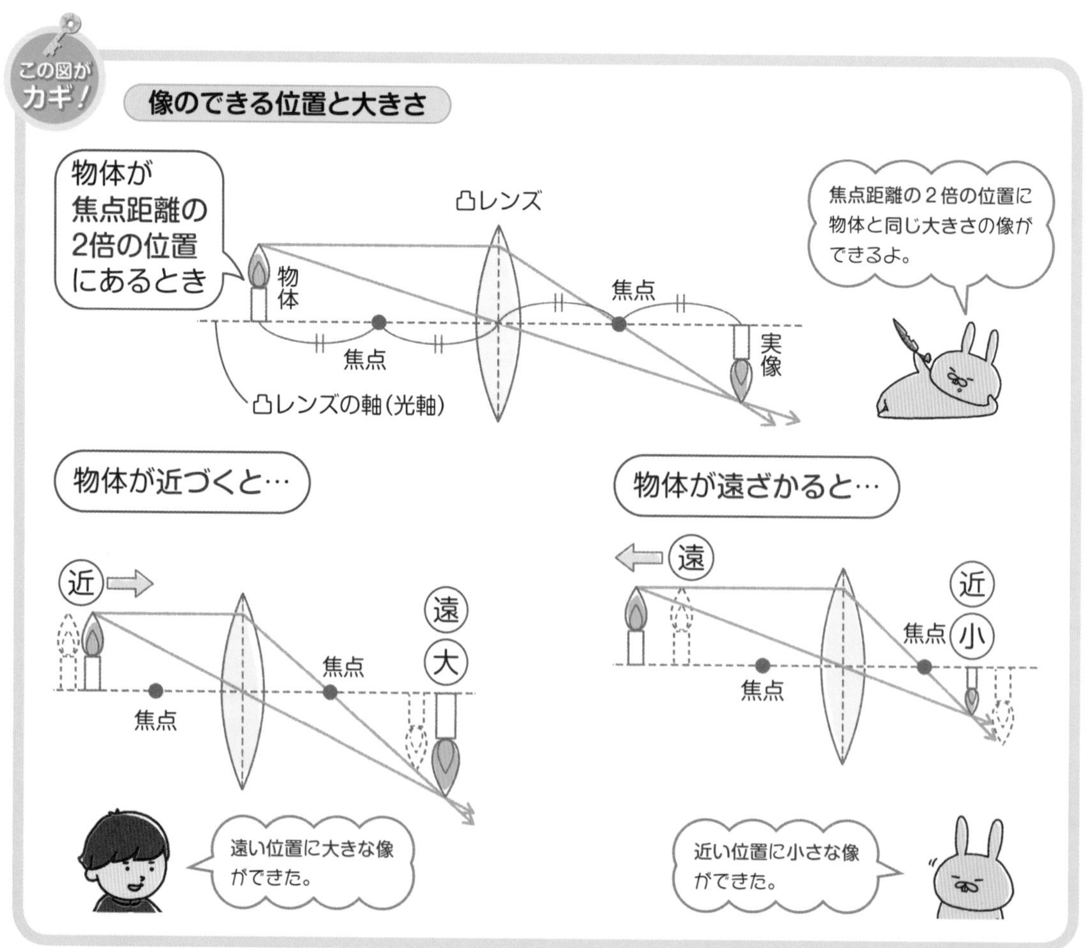

解答 p.10

1 次の図の①，②にあてはまる語句を入れましょう。また，物体を凸レンズから遠ざけたときの光の進み方と像を作図しましょう。

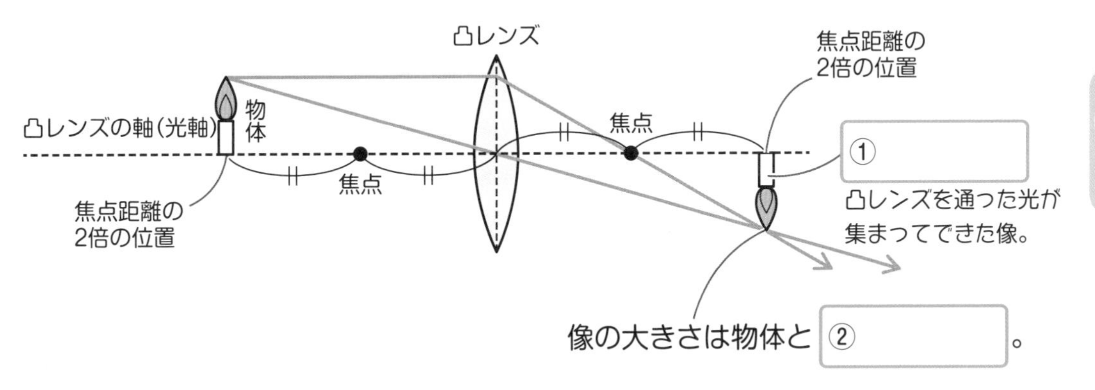

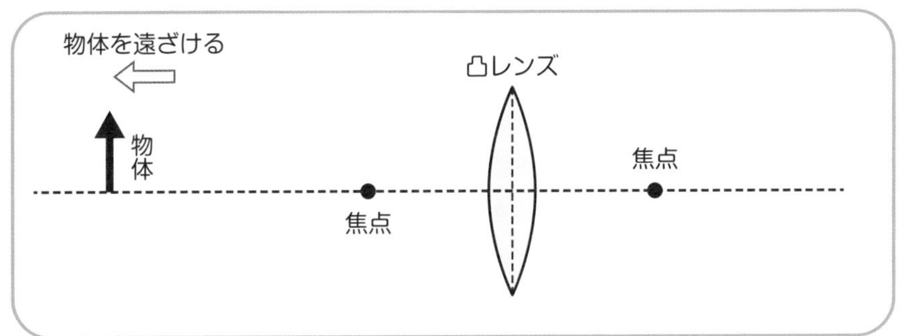

2 次の問いに答えましょう。

(1) 物体が焦点の外側にあるときにできる，スクリーンにうつる像を何といいますか。

(2) (1)の像は，物体と上下左右が同じ向きですか，逆向きですか。

(3) 物体を焦点の外側から凸レンズに近づけていったとき，(1)の像の大きさは大きくなりますか，小さくなりますか。

コレだけ！

- □ 物体が凸レンズの焦点の外側にあるとき，スクリーンにうつる像を実像という。
- □ 物体を焦点から遠ざけると実像は小さくなり，焦点に近づけると実像は大きくなる。

ステージ 31

虚像

凸レンズを通して像を見てみよう！

虫めがねをのぞいて物体を見てみると，実物より大きくなった像が見えるよね。なぜ大きく見えるんだろう？

❶ 虚像

物体を凸レンズと焦点の間に置くと，光は焦点に集まらず，スクリーンに像をつくることはできません。

ところが，物体の反対側から凸レンズをのぞくと，物体より**大きな像**が見えます。この像を**虚像**といいます。

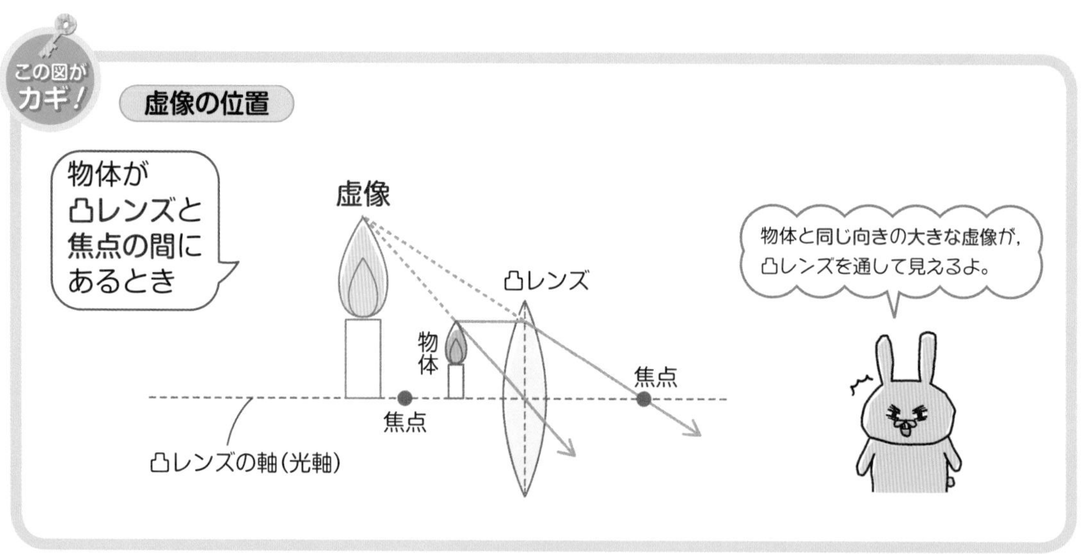

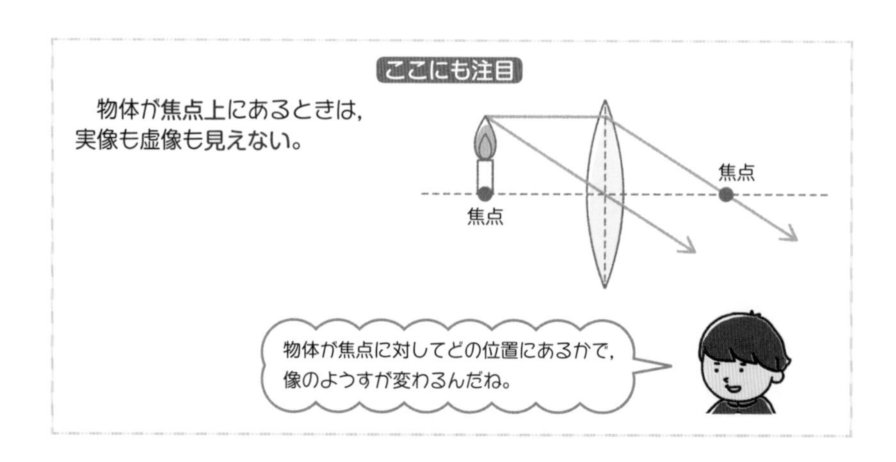

解いてみよう！

解答 p.10

1 次の図の①，②にあてはまる語句を入れましょう。

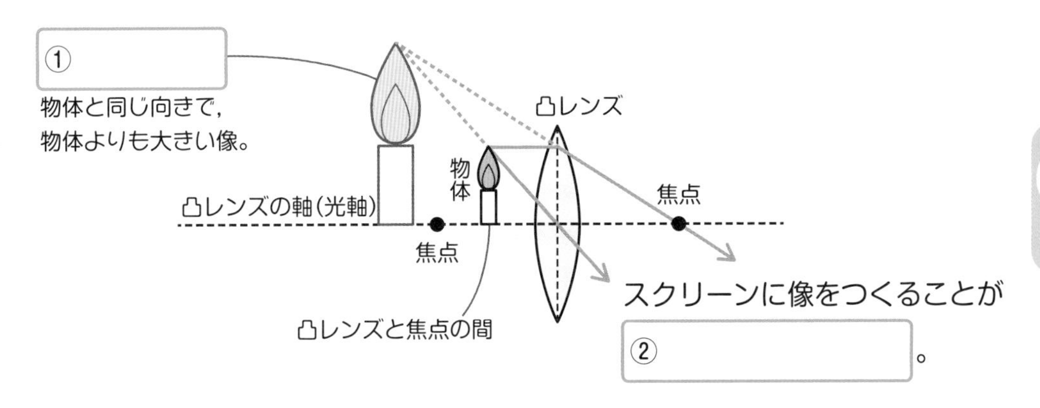

2 次の問いに答えましょう。

(1) 物体を凸レンズと焦点の間に置いたとき，スクリーンに像をつくることができますか。

(2) 物体を凸レンズと焦点の間に置いたとき，物体の反対側から凸レンズを通して見える像を何といいますか。

(3) (2)の像の大きさは，物体と比べて大きいですか，小さいですか。

(4) (2)の像は，物体と上下左右が同じ向きですか，逆向きですか。

(5) 物体を凸レンズの焦点上に置いたとき，像を見ることはできますか。

コレだけ！

- □ **物体が凸レンズと焦点の間にあるとき，凸レンズを通して物体と同じ向きの大きな虚像が見える。**
- □ **物体が焦点上にあるときは，像を見ることができない。**

ステージ 32

音の伝わり方と速さ

音が伝わるようすをおさえよう！

音の出ているスピーカーをさわってみると，手に振動(しんどう)が伝わってくる。音はどのように伝わるのか見てみよう！

1 音の伝わり方

音を出しているものを**音源**(おんげん)（**発音体**）といいます。

音源の振動が空気中を波として伝わることで音が伝わります。

また，音は空気中だけではなく，固体や液体の中も伝わります。

ただし，音は真空中は伝わりません。

2 音の伝わる速さ

花火が打ち上げられたとき，光が見えてから音が聞こえるまでに少し時間がかかります。

それは，音の伝わる速さが，光の速さよりもおそいからです。

音は，空気中を1秒間におよそ340mの速さ（約340m/s）で進むので，光が見えてから音が聞こえるまでの時間がわかれば，音がした場所までの距離(きょり)を求めることができます。

音源までの距離を求める式

音源までの距離〔m〕＝音の速さ〔m/s〕×音が伝わるまでの時間〔s〕

例題

いなずまが見えてから10秒後に雷(かみなり)の音が聞こえました。いなずままでの距離は約何mですか。音の速さを340m/sとして計算しましょう。

［解き方］

距離〔m〕＝音の速さ〔m/s〕×時間〔s〕より，

340m/s × 10s ＝ 3400m…答

解いてみよう！

解答 p.10

1 次の式の①にあてはまる語句を入れましょう。

●音源までの距離〔m〕＝音の速さ〔m/s〕×音が伝わるまでの ① 〔s〕

2 次の問いに答えましょう。

⑴ 音を出しているもののことを何といいますか。

⑵ 音は真空中を伝わりますか，伝わりませんか。

3 次の問いに答えましょう。

⑴ ある場所で花火を見ていると，打ち上げられた花火が開くのが見えてから３秒後に花火の音が聞こえました。音の速さを340m/sとすると，この場所から花火が開いた場所までの距離は何mですか。

⑵ Aさんと Bさんがはなれて立ち，Aさんがたいこをたたいてから，0.5秒後にBさんにたいこの音が聞こえました。音の速さを340m/sとすると，AさんとBさんの間の距離は何mですか。

コレだけ！

□ 音源の振動が空気中や液体，固体の中を波として伝わることで音が伝わる。
□ 音源までの距離〔m〕＝音の速さ〔m/s〕×音が伝わるまでの時間〔s〕

ステージ 33

音の大小と高低

音の大きさと高さについて調べよう！

大きい音や小さい音，高い音や低い音，いろんな音があるけれど，音の大きさや高さは何によって決まるんだろう？

モノコードの弦（げん）を振動（しんどう）させて，音の大きさや高さを調べてみましょう。

1 音の大小

振動の幅（はば）を**振幅**（しんぷく）といいます。

振幅が大きいと大きな音，振幅が小さいと小さな音が出ます。

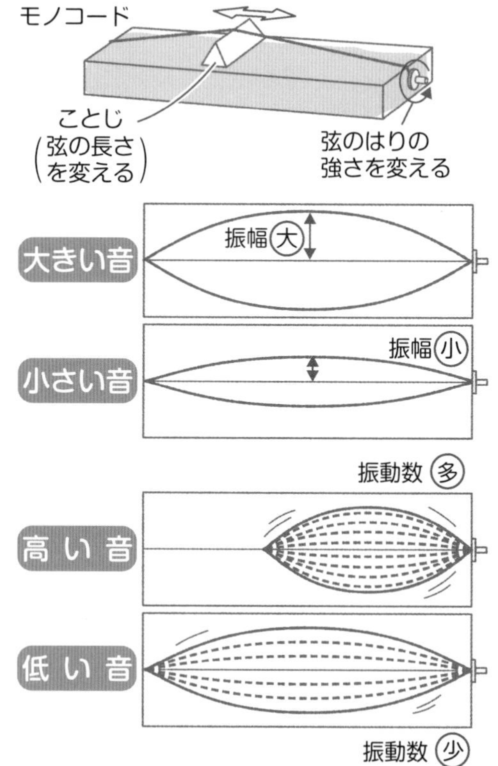

2 音の高低

1秒間に振動する回数を**振動数**（しんどうすう）といい，単位には**ヘルツ**（Hz）を用います。

弦の振動数が多いと高い音，振動数が少ないと低い音が出ます。

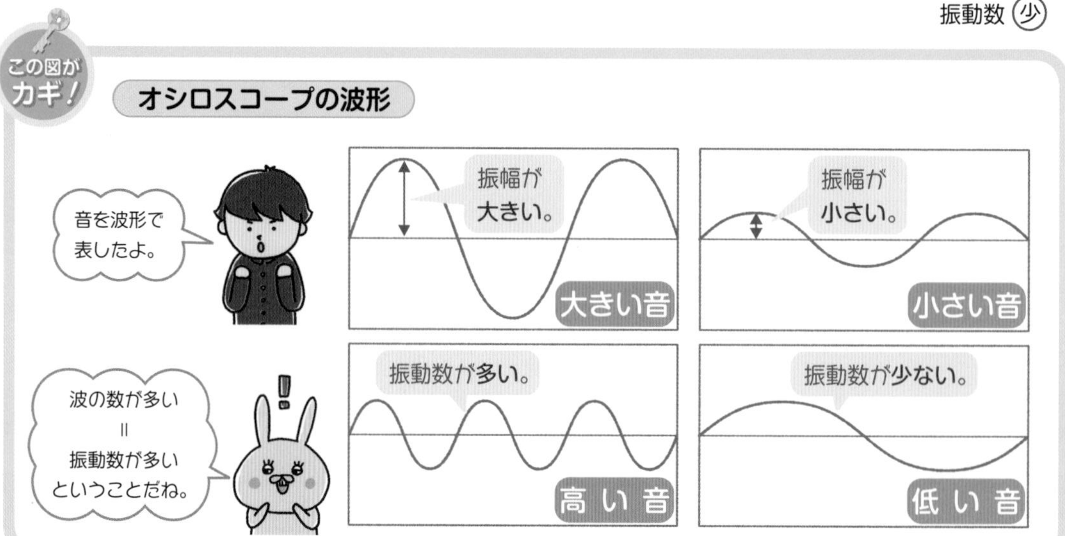

解いてみよう！

解答 p.10

1 次の図の①～④にあてはまる音の大きさや高さに関する語句を入れましょう。

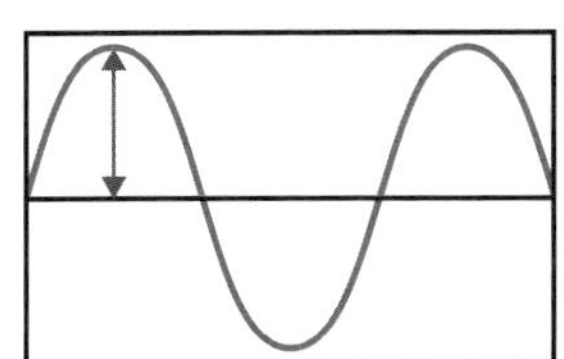

●振幅が大きい。
⇒音の大きさが，
①

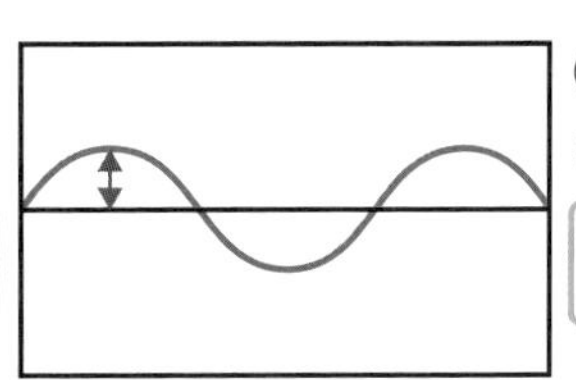

●振幅が小さい。
⇒音の大きさが，
②

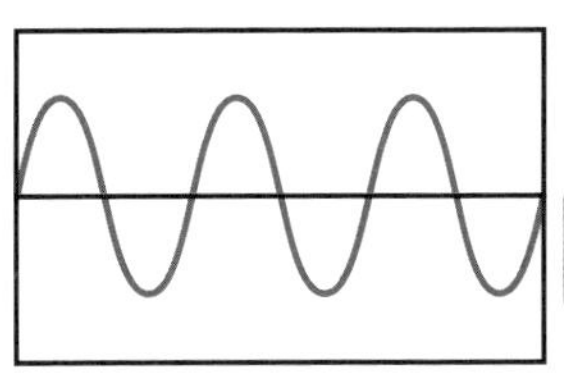

●振動数が多い。
⇒音の高さが，
③

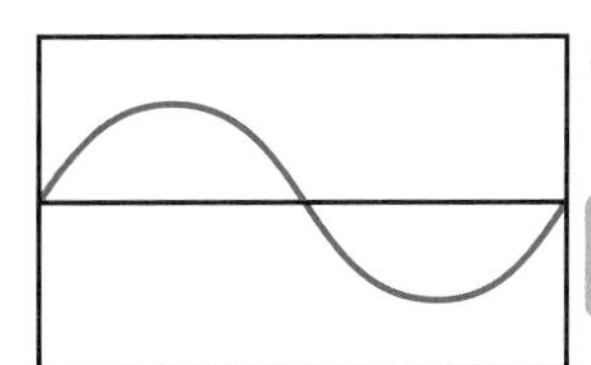

●振動数が少ない。
⇒音の高さが，
④

2 右の図は，音の振動のようすをコンピュータで表したものです。次の問いに答えましょう。

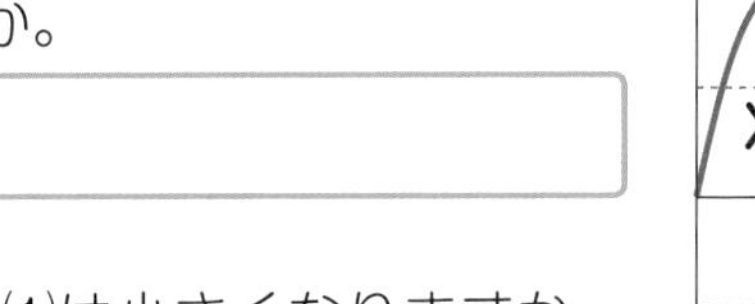

(1) 振動の幅Xを何といいますか。

(2) 音の大きさが小さいほど，(1)は小さくなりますか，大きくなりますか。

(3) 1秒間に振動する回数を何といいますか。

(4) (3)を表す単位は何ですか。記号を答えましょう。

(5) 音の高さが低いほど，(3)は少なくなりますか，多くなりますか。

コレだけ！

- □ 振幅が大きいほど，音は大きくなる。
- □ 振動数が多いほど，音は高くなる。

ステージ 34

いろいろな力

いろいろな力を覚えよう！

ものを持ち上げたり，ボールをけったりするときには，力がはたらいているんだよ。力のはたらきや力の種類について見てみよう！

1 力のはたらき

力には次の３つのはたらきがあります。

①物体の**形**を変える。

②物体の**運動のようす**を変える。

③物体を**支える**。

2 いろいろな力

力には，**重力**（じゅうりょく）や**磁石の力**（じしゃく ちから）（**磁力**（じりょく）），**摩擦力**（まさつりょく），**弾性の力**（だんせい ちから）（**弾性力**（だんせいりょく）），**垂直抗力**（すいちょくこうりょく），**電気の力**（でんき ちから）など，いろいろな力があります。

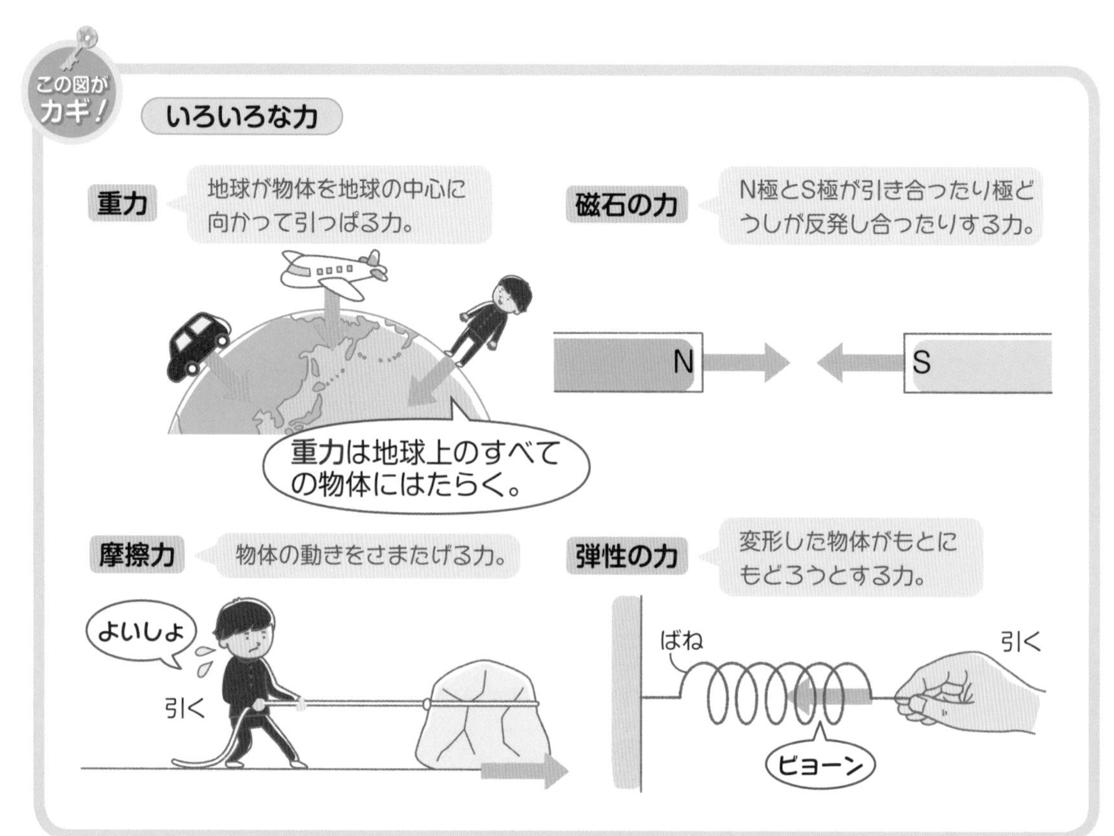

解答 p.11

1 次の図の①～④にあてはまる語句を入れましょう。

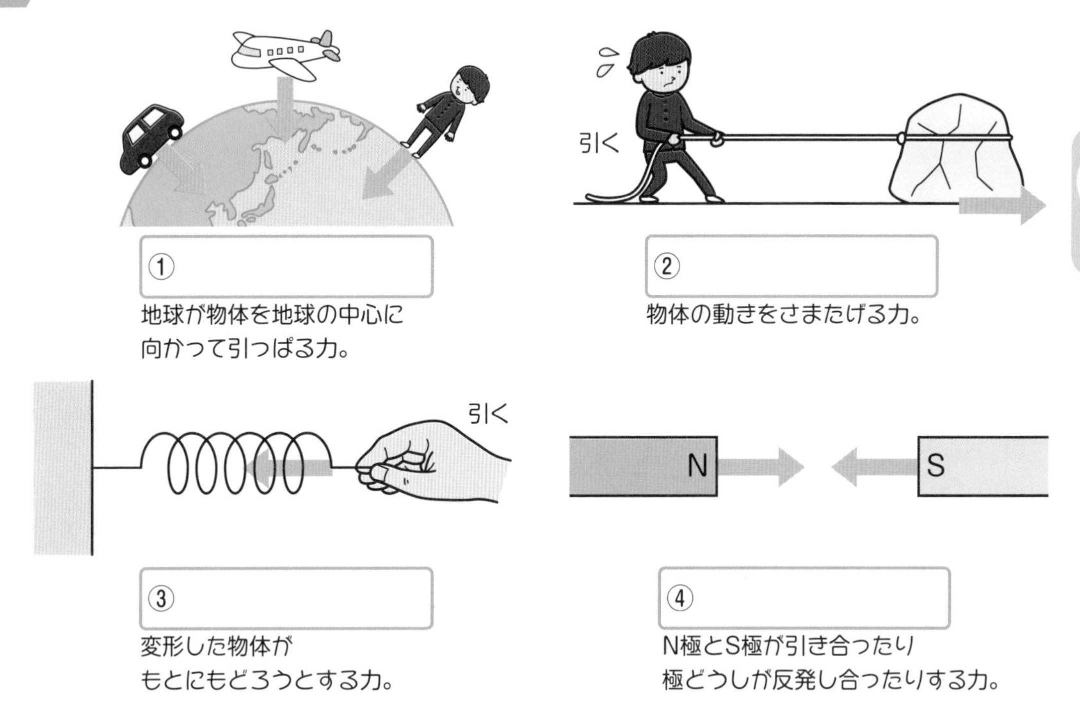

2 次の(1)～(3)では，力はどのようなはたらきをしていますか。あとのア～ウからそれぞれ選びましょう。

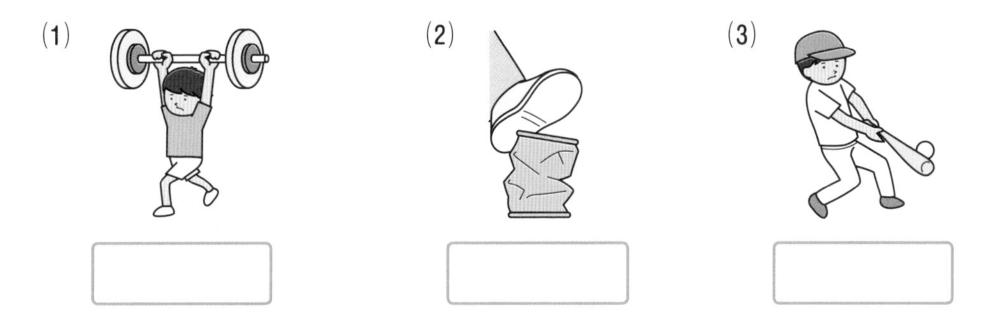

ア　物体の形を変える。
イ　物体の運動のようすを変える。
ウ　物体を支える。

□ **力のはたらきには次の３つがある。**
①物体の形を変える。　②物体の運動のようすを変える。　③物体を支える。

ステージ 35

力の大きさとばねののび

ばねののびを調べよう！

ばねは引っぱるとのびて，手を放すともとにもどるよね。
力の大きさとばねののびにはどんな関係があるのかな？

ばねを使って，力の大きさをはかってみましょう。
力の大きさの単位には，**ニュートン（N）**を用います。
1Nは，約100gの物体にはたらく重力の大きさです。

◆ 力の大きさとばねののびを調べる実験 ◆

実験方法

①1個10gのおもりをばねにつるし，ばねののびる長さをはかる。

②おもりの数を変えて，ばねののびる長さをはかる。

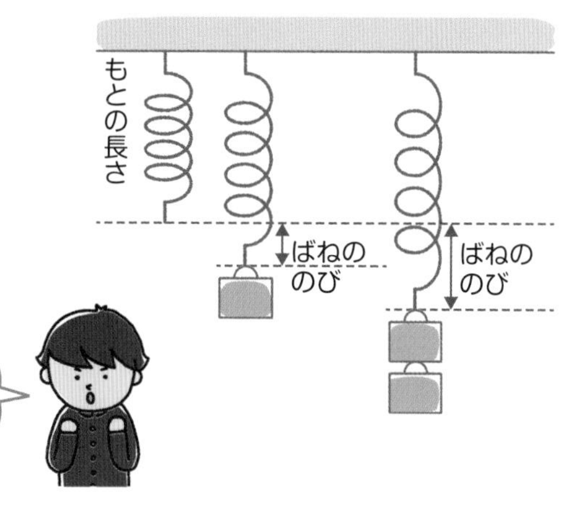

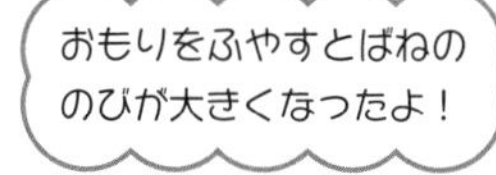

実験結果

おもりの数〔個〕	1	2	3	4	5
力の大きさ〔N〕	0.1	0.2	0.3	0.4	0.5
ばねののび〔cm〕	0.4	0.8	1.2	1.6	2.0

約100gの物体にはたらく重力の大きさが1N（ニュートン）だから，10gではおよそ0.1Nになるね。

グラフで表すと次のようになります。

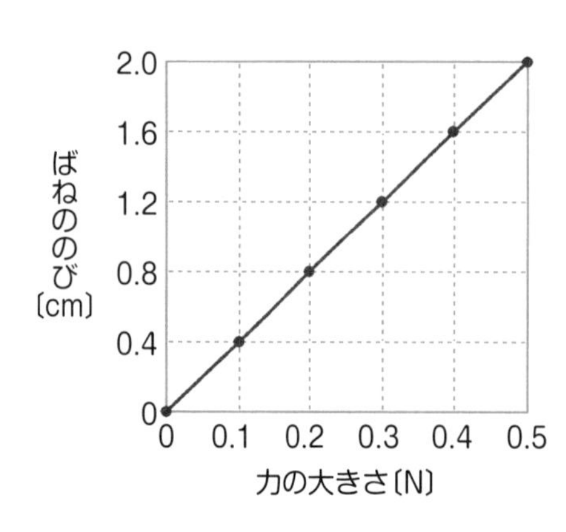

グラフは**原点を通る直線**になっている。
→力の大きさが2倍，3倍…となると，ばねののびも2倍，3倍…になる（**比例の関係**）。

まとめ

ばねののびは，ばねに加える力の大きさに比例する。この関係を**フックの法則**という。

解いてみよう！

解答 p.11

1 **力の大きさとばねののびの関係を調べるために，次のような実験を行いました。あとの問いに答えましょう。ただし，100gの物体にはたらく重力の大きさは1Nとします。**

〔実験〕

①右の図のような装置を組み立て，ばねに10gのおもりを1個つるして，ばねののびを測定した。

②おもりの数を2個，3個，4個，5個にして，それぞれについてばねののびを測定した。表は，結果をまとめたものである。

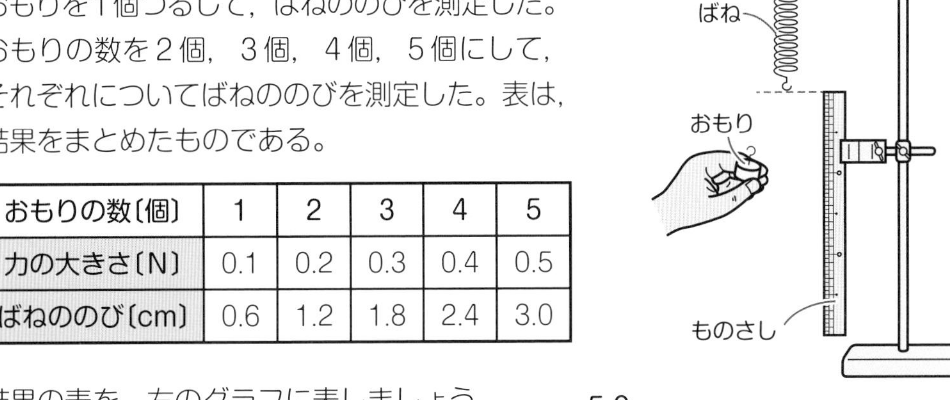

おもりの数〔個〕	1	2	3	4	5
力の大きさ〔N〕	0.1	0.2	0.3	0.4	0.5
ばねののび〔cm〕	0.6	1.2	1.8	2.4	3.0

⑴　結果の表を，右のグラフに表しましょう。

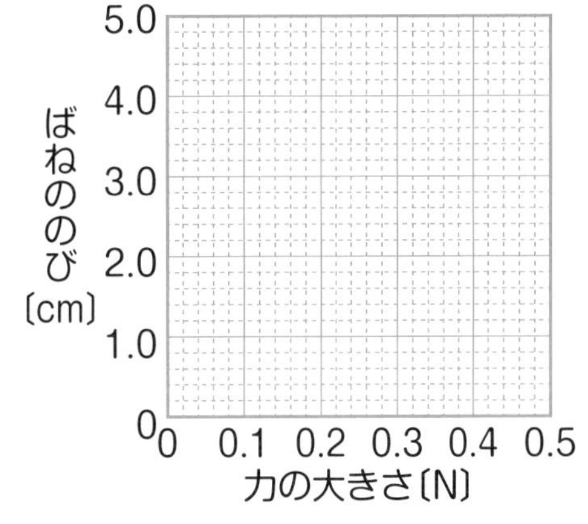

⑵　ばねに加える力の大きさとばねののびにはどのような関係がありますか。

⑶　⑵のような，ばねに加える力の大きさとばねののびの関係を何といいますか。

⑷　この実験で，ばねにつるすおもりの数を10個にすると，ばねののびは何cmになりますか。

コレだけ！

- □ **ばねののびは，ばねに加える力の大きさに比例する。**
- □ **ばねののびと，ばねに加える力の大きさの関係を，フックの法則という。**

ステージ36

重さと質量，力の表し方

力を図で表してみよう！

重力(じゅうりょく)や摩擦力(まさつりょく)などいろいろな力があったね。力を図で表すことはできるのかな？作図のしかたをマスターしよう！

1 重さと質量

重さは物体にはたらく重力の大きさのことで，単位には**ニュートン（N）**を用います。重さは場所で変化します。

質量は物体そのものの量のことで，単位には**グラム（g）**や**キログラム（kg）**を用います。質量は，場所によって変化しません。

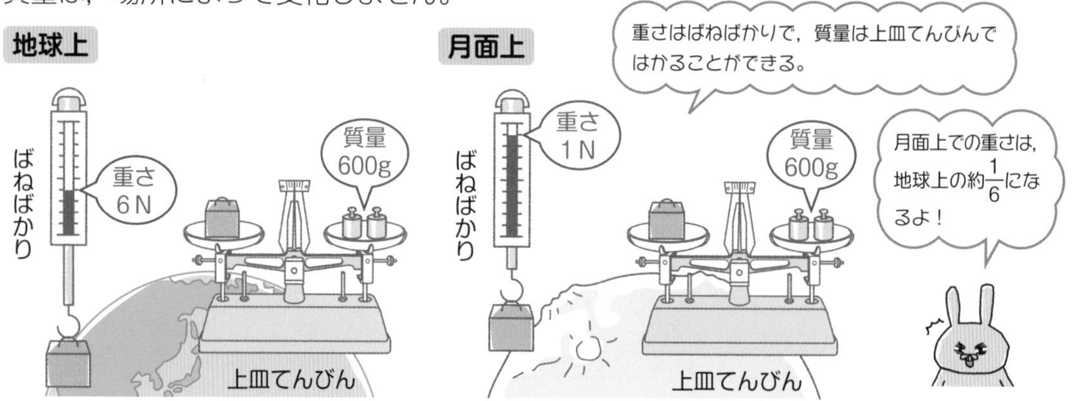

2 力の表し方

力のはたらきを表すには，**作用点（力のはたらく点）**，**力の大きさ**，**力の向き**の３つの要素を矢印で表します。

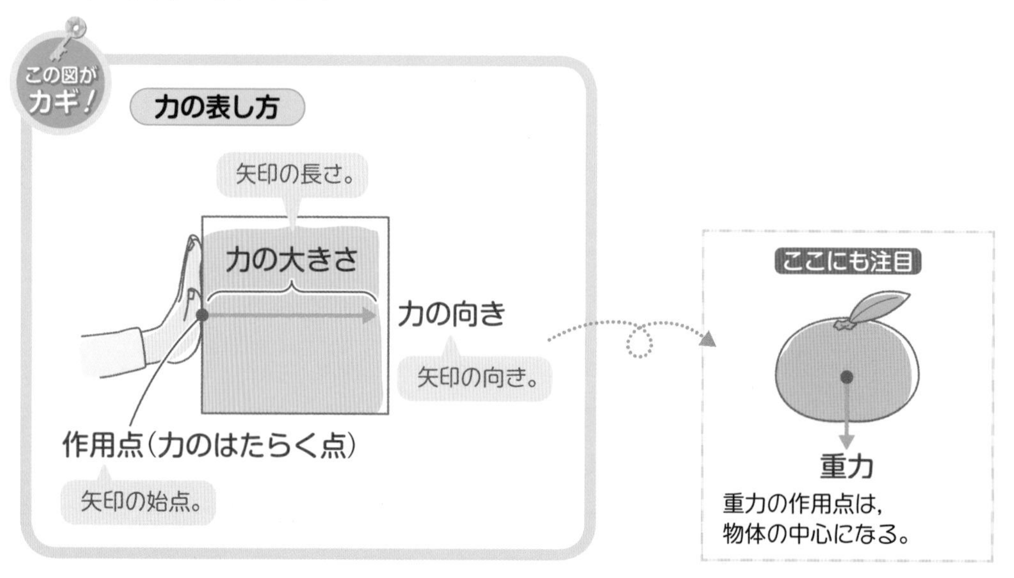

解いてみよう！

解答 p.11

1 力について表した次の図の①～③にそれぞれ何を表したものか語句を入れましょう。

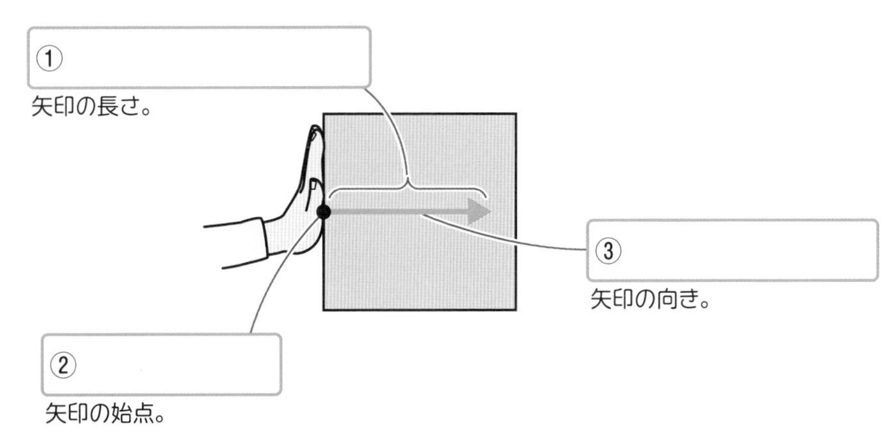

2 次の問いに答えましょう。

(1) 物体そのものの量のことを何といいますか。

(2) (1)は場所によって変化しますか。

(3) 月面上での重力の大きさは，地球上での重力の大きさの$\frac{1}{6}$になるとします。地球上である物体の重さが12Nのとき，月面上では何Nになりますか。

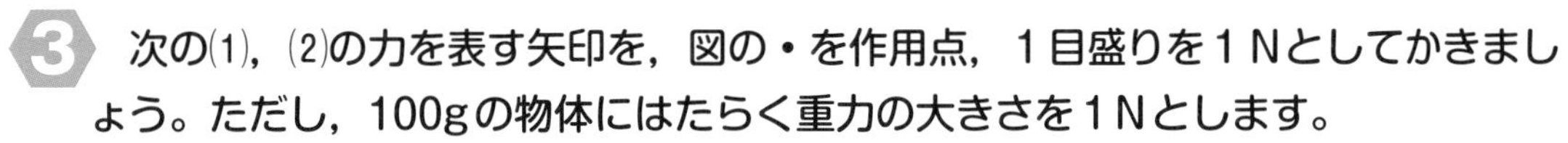

3 次の(1)，(2)の力を表す矢印を，図の・を作用点，１目盛りを１Nとしてかきましょう。ただし，100gの物体にはたらく重力の大きさを１Nとします。

(1) 物体を３Nの大きさで右向きにおす力

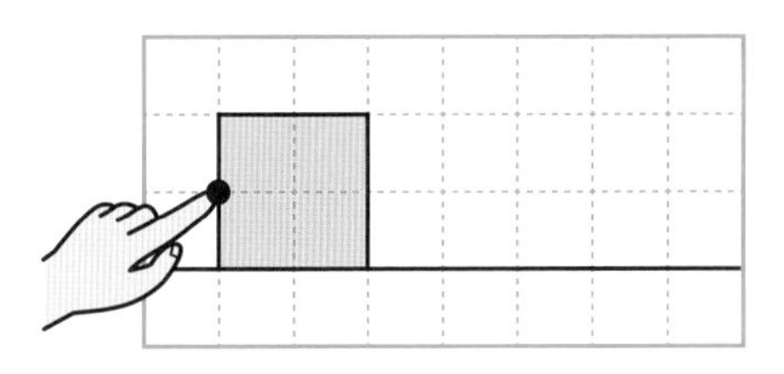

(2) 200gの物体にはたらく重力

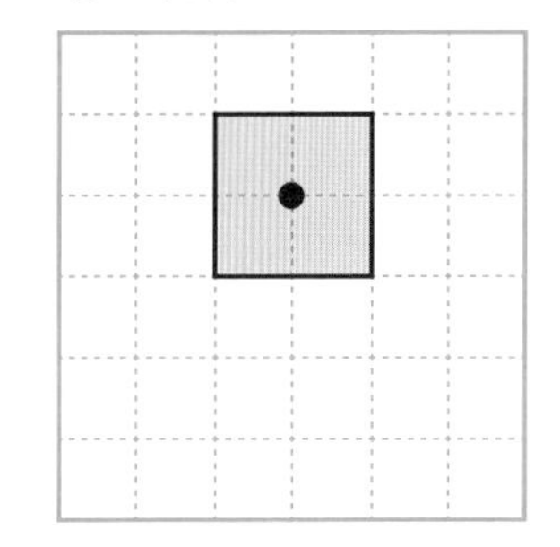

コレだけ！

- □ 物体にはたらく重力の大きさのことを重さといい，単位にはNを用いる。
- □ 物体そのものの量のことを質量といい，単位にはgやkgなどを用いる。

ステージ 37

2力のつり合い

2力のつり合いを調べよう!

つな引きで，どちらのチームもつなを引っぱっているのにつなが動かないときがあるよね？このときの力はどうなっているのか考えてみよう！

① 2力のつり合い

1つの物体に2つの力がはたらいていて，その物体が動かないとき，物体にはたらく2つの力は**つり合っている**といいます。

② 2力がつり合う条件

2力がつり合っているとき，2力には次の3つの関係が成り立っています。

①2力の**大きさが等しい。**
②2力の**向きが反対**である。
③2力は**一直線上にある。**

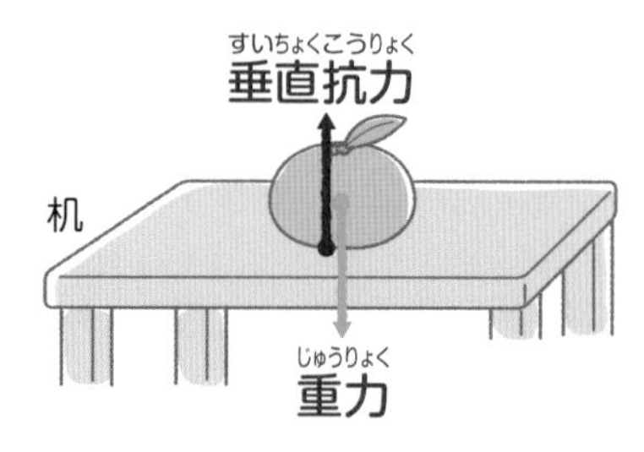

机の上にある物体は，物体にはたらく重力と，机から物体にはたらく垂直抗力がつり合っているんだね。

ここにも注目

机の上に置いたみかんは，机の面から垂直の方向に力を受けている。物体が面をおすとき，面が物体を垂直におし返す力を垂直抗力という。

この式がカギ！

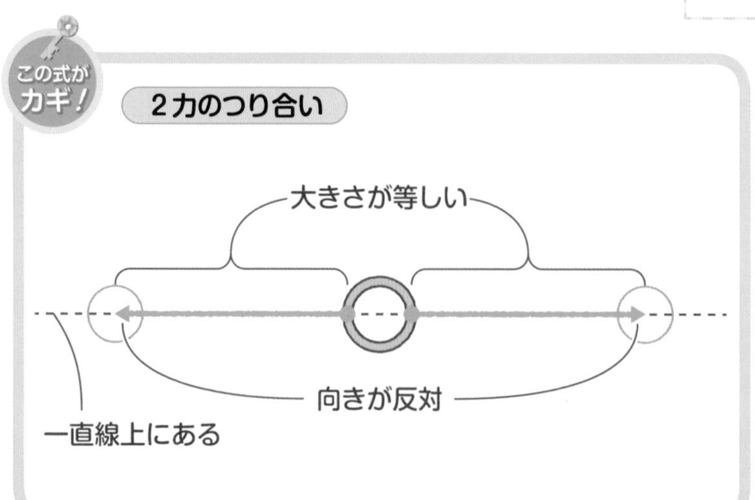

2力がつり合っているときは，一方の力の大きさがわかると，もう一方の力の大きさもわかるよ。

解答 p.11

1 2力のつり合いについて表した次の図の①～③にそれぞれ2力の関係を入れましょう。

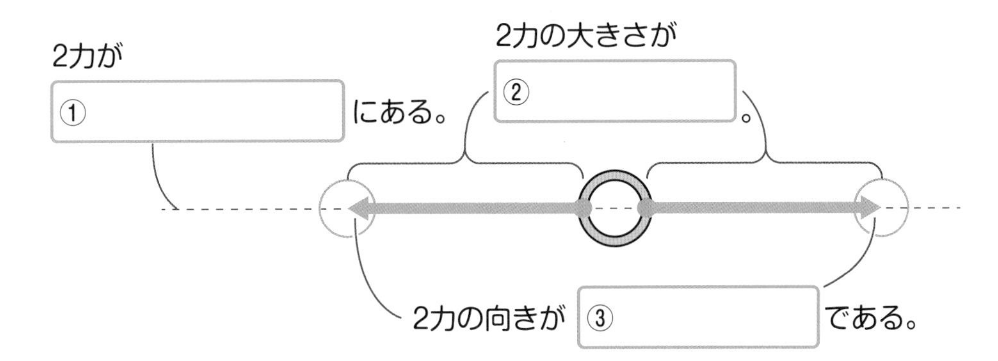

2 右の図は，物体を床の上に置いたときのようすで，矢印A，Bは，物体にはたらく2つの力を表したものです。次の問いに答えましょう。

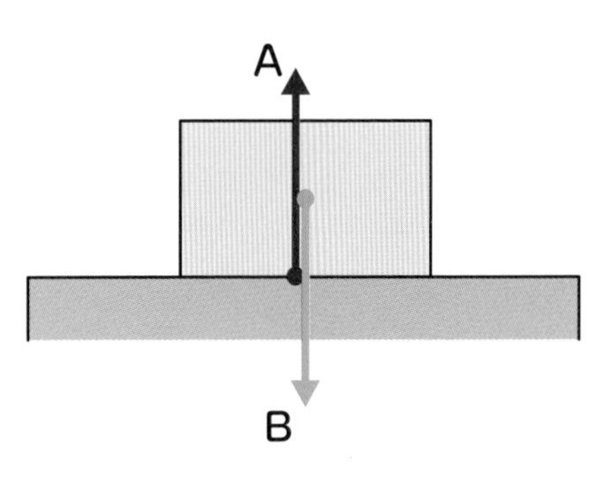

(1) 図のように，物体に2つの力がはたらいていて，その物体が動かないとき，物体にはたらく2つの力はどうなっているといいますか。

(2) Aの力を何といいますか。

(3) Bの力を何といいますか。

(4) Aの力とBの力の位置関係はどのようになっていますか。

(5) Aの力の大きさが4Nのとき，Bの力の大きさは何Nですか。

コレだけ！

□ 2力がつり合っているときは，
①2力の大きさが等しい　②2力の向きが反対である　③2力は一直線上にある

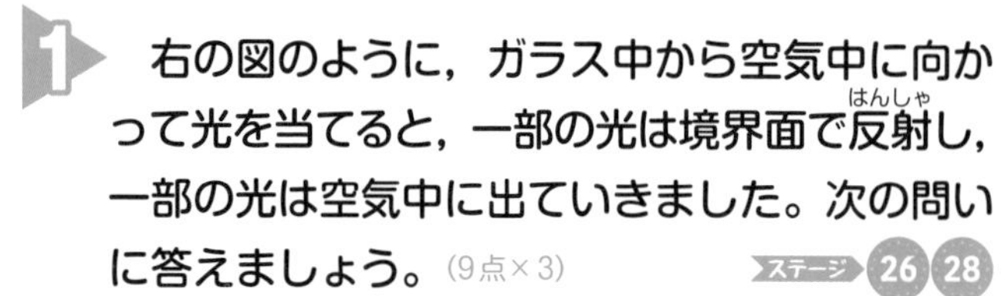

解答 p.12

/100点

1

右の図のように，ガラス中から空気中に向かって光を当てると，一部の光は境界面で反射(はんしゃ)し，一部の光は空気中に出ていきました。次の問いに答えましょう。(9点×3)

ステージ 26 28

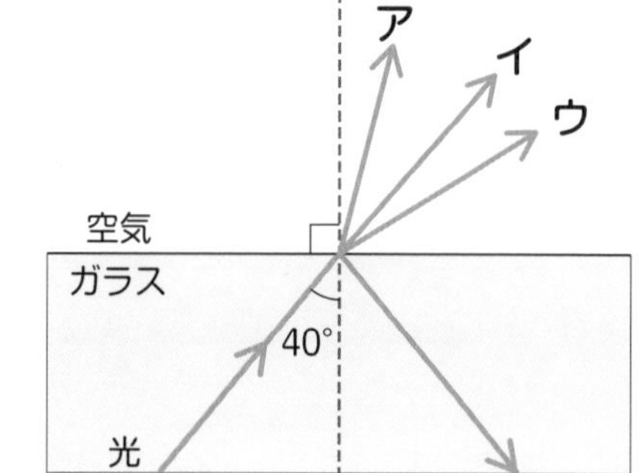

(1) 図のように光が反射したとき，反射角(はんしゃかく)は何度ですか。

(2) 空気中に出ていく光はどのように進みますか。図の**ア**～**ウ**から選びましょう。

(3) 入射角(にゅうしゃかく)を大きくしていくと，空気中へ出ていく光はなくなり，光は境界面ですべて反射しました。この現象を何といいますか。

2

右の図は，ある音の波形をコンピュータで表したものです。次の問いに答えましょう。(9点×3)

ステージ 33

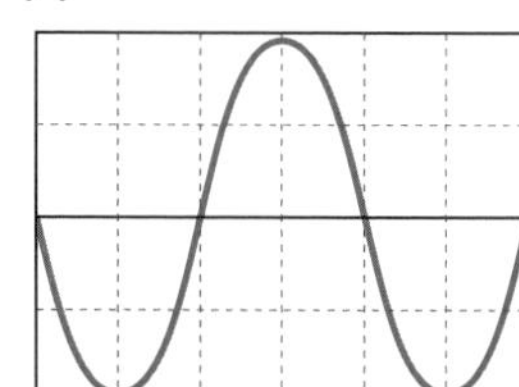

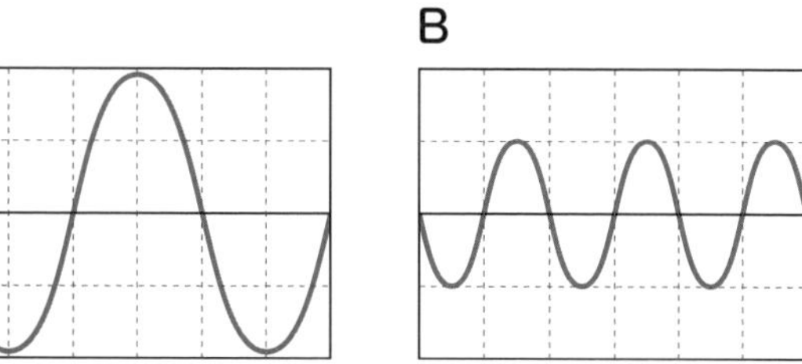

(1) 音の高さについて正しいものを，次の**ア**～**エ**から選びましょう。

ア 振幅(しんぷく)が大きいほど高くなる。　**イ** 振幅が大きいほど低くなる。
ウ 振動数(しんどうすう)が多いほど高くなる。　**エ** 振動数が多いほど低くなる。

(2) 図の**A**，**B**のうち，高い音の波形はどちらですか。

(3) 図の**A**，**B**のうち，大きい音の波形はどちらですか。

月　日

3 図1のように，ばねにいろいろな質量のおもりをつるし，ばねののびを調べました。図2は，力の大きさとばねののびとの関係をグラフに表したものです。次の問いに答えましょう。(8点×2)　ステージ35

図1

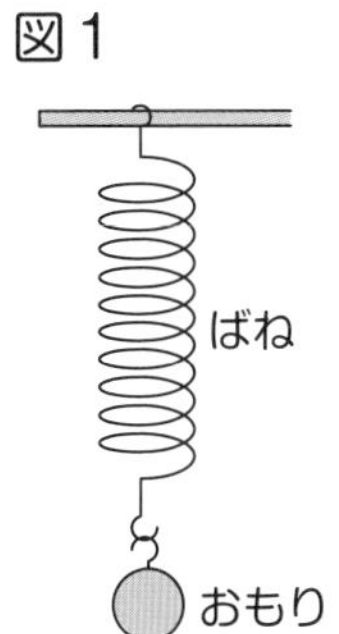

図2

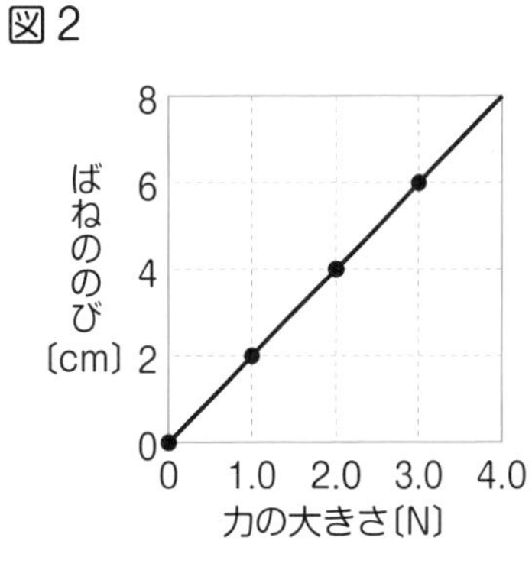

(1) 図2のように，ばねののびは，ばねにはたらく力の大きさに比例します。この関係を何の法則といいますか。

(2) ばねに加える力の大きさが6.0 Nのとき，ばねののびは何cmになりますか。

4 右の図のように，物体を机の上に置いて，物体に3.5 Nの力を加えたところ，物体は動きませんでした。次の問いに答えましょう。(10点×3)

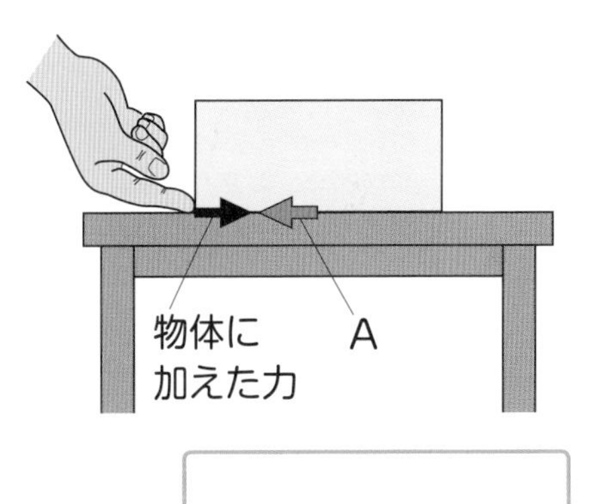

(1) 物体が動かなかったのは，物体と机の面の間にAの力がはたらいたからです。Aの力を何といいますか。

(2) Aの力の大きさは何Nですか。

(3) 物体に加えた力とAの力はどのような関係になっていますか。

ととまるの
プラス1ページ

弦と音の高さ

ギターなどの弦を使った楽器は，弦の長さや弦の張り方で振動数が変わり，音の高さが変わる。

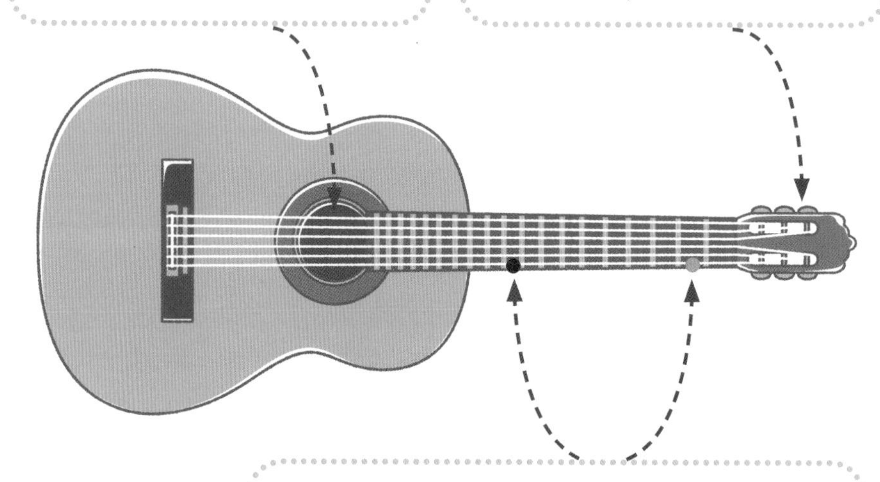

●と●で，弦を指で押さえる位置を変えて，音の高さを比べる。
→弦の長さが短い●のほうが，振動数が多くなり，高い音が出る。

大地の変化

化石(かせき)は大昔に生きていた生物のなごりだよ。
地層(ちそう)や地形を調べると，大地のようすや過去のできごとを知ることができる。
学校の裏山の地層を調べ，大地の変化のようすやしくみを探っていこう！

ステージ 38

火山の噴出物

火山から出てくるものを調べよう！

日本には，今も噴火する可能性のある火山がたくさんあるんだよ。火山が噴火するとき，何が出てくるのかな？

1 火山の噴火

火山の地下深くには，岩石がどろどろにとけてできた**マグマ**があります。

マグマが地表まで上昇し，地表にふき出すことを，**噴火**といいます。

2 火山噴出物

火山が噴火するとき，火山からふき出すものを**火山噴出物**といいます。
火山噴出物には，**火山ガス**，**火山灰**，**火山弾**，**溶岩**などがあります。

火山灰には，マグマが冷えて固まった粒がふくまれていて，この粒の中で結晶になったものを**鉱物**といいます。

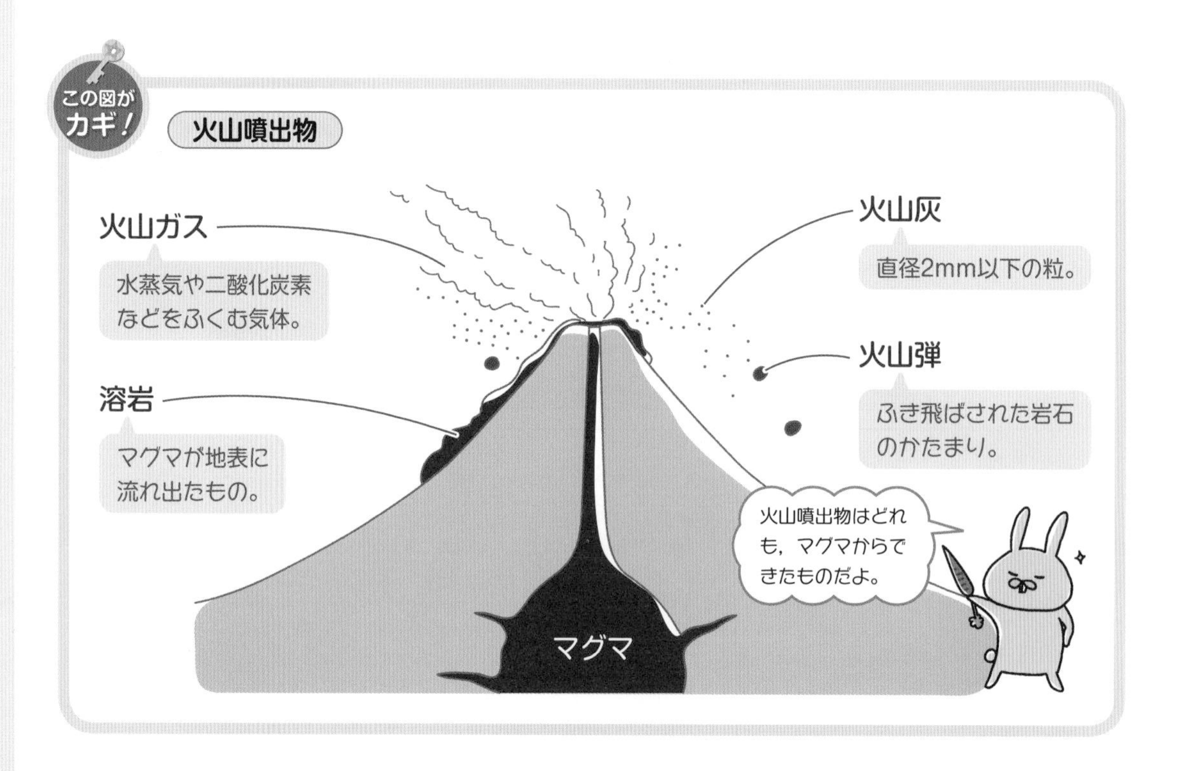

解いてみよう！

解答 p.12

1 次の図の①～④にあてはまる語句を入れましょう。

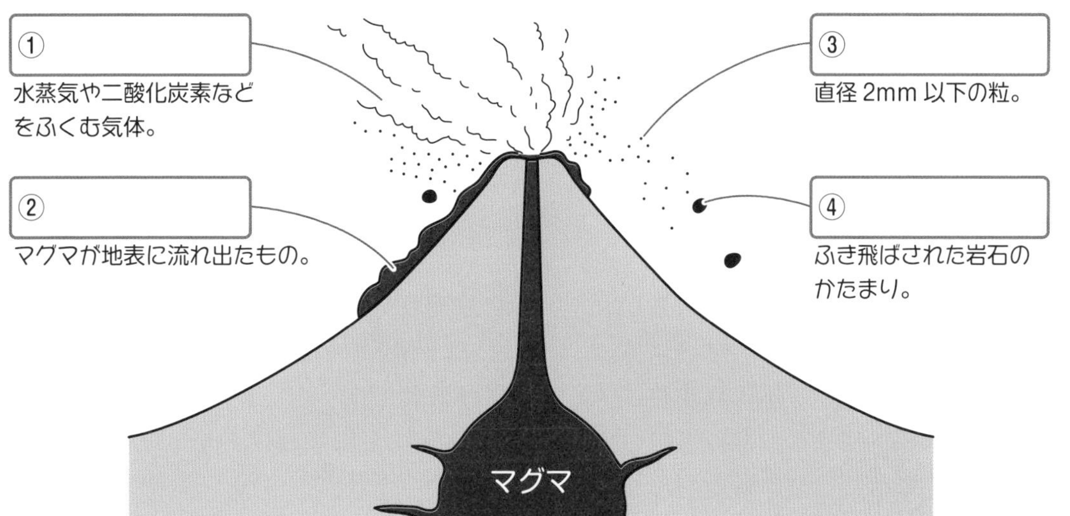

2 次の問いに答えましょう。

(1) 火山の地下深くにある，岩石がどろどろにとけた高温のものを何といいますか。

(2) 火山が噴火したときに，火山からふき出すものをまとめて何といいますか。

(3) (2)のうち，マグマが地表に流れ出たものを何といいますか。

(4) (2)のうち，直径 2 mm 以下の小さい粒を何といいますか。

(5) (4)などにふくまれる粒で，結晶になったものを何といいますか。

コレだけ！

- □ 火山の地下深くには，岩石がどろどろにとけた高温のマグマがある。
- □ 火山噴出物には，火山ガス，火山灰，火山弾，溶岩などがある。

ステージ 39

火山の形

火山の形のちがいをおさえよう！

火山にもいろいろな形があるんだ。火山の形は何によって決まっているのかな？

1 火山の形

火山の形は**マグマのねばりけ**によってちがいます。

マグマのねばりけが**強い**（**大きい**）と，溶岩（ようがん）が**流れにくく**，盛り上がった形になります。

マグマのねばりけが**弱い**（**小さい**）と，溶岩が**流れやすく**，傾斜（けいしゃ）のゆるやかな形になります。

マグマのねばりけが**中程度**だと，円すいの形になります。

火山噴出物（かざんふんしゅつぶつ）の色は，マグマのねばりけが強いほど白っぽく，マグマのねばりけが弱いほど黒っぽくなります。

噴火（ふんか）のようすは，マグマのねばりけが強いほど激（はげ）しく，マグマのねばりけが弱いほどおだやかになります。

この表がカギ！

火山の形

火山の形	盛り上がった形	円すいの形	傾斜のゆるやかな形
マグマのねばりけ	強い（大きい） ←		→ 弱い（小さい）
火山噴出物の色	白っぽい ←		→ 黒っぽい
噴火のようす	激しい ←		→ おだやか
例	雲仙普賢岳（うんぜんふげんだけ） 昭和新山（しょうわしんざん）	桜島（さくらじま） 浅間山（あさまやま）	マウナロア キラウエア

月　日

解いてみよう！

解答 p.12

1 次の表の①～⑥にあてはまる語句を入れましょう。

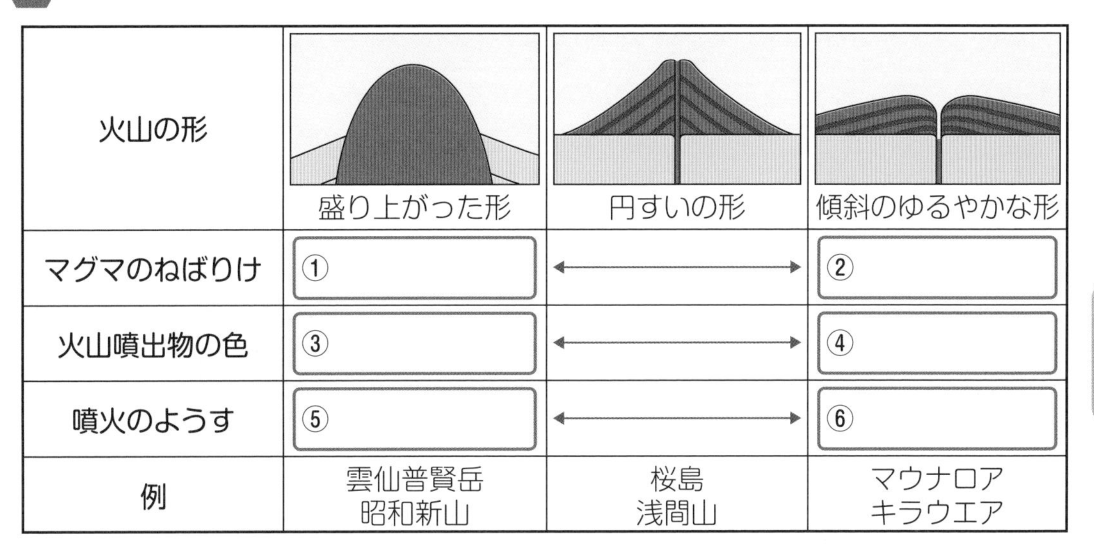

火山の形	盛り上がった形	円すいの形	傾斜のゆるやかな形
マグマのねばりけ	①	←→	②
火山噴出物の色	③	←→	④
噴火のようす	⑤	←→	⑥
例	雲仙普賢岳 昭和新山	桜島 浅間山	マウナロア キラウエア

2 次のA～Cの形の火山について，あとの問いに答えましょう。

A

傾斜のゆるやかな形

B

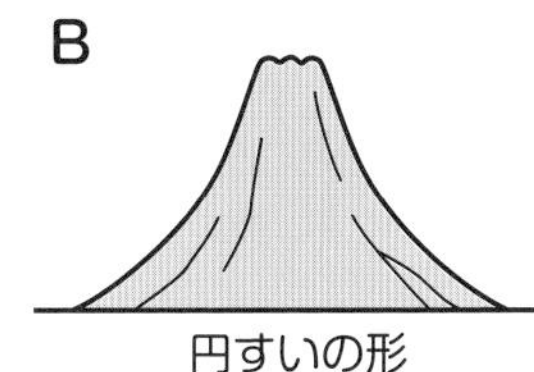

円すいの形

C

盛り上がった形

(1) A～Cのうち，マグマのねばりけがもっとも強いものはどれですか。

(2) A～Cのうち，火山噴出物の色がもっとも黒っぽいものはどれですか。

(3) Bの形をした火山を，次のア～エから選びましょう。

ア　マウナロア　　イ　雲仙普賢岳
ウ　桜島　　エ　昭和新山

コレだけ！

□ **マグマのねばりけが強いほど，盛り上がった形の火山になり，火山噴出物の色は白っぽく，激しい噴火をする。**

ステージ 40

火成岩

火成岩をなかま分けしてみよう！

マグマが冷えてできた岩石は全部同じ性質なのかな？ルーペでよく見て調べてみよう！

❶ 火成岩

マグマが冷え固まってできた岩石を**火成岩**といいます。

火成岩は，**火山岩**と**深成岩**に分けられます。

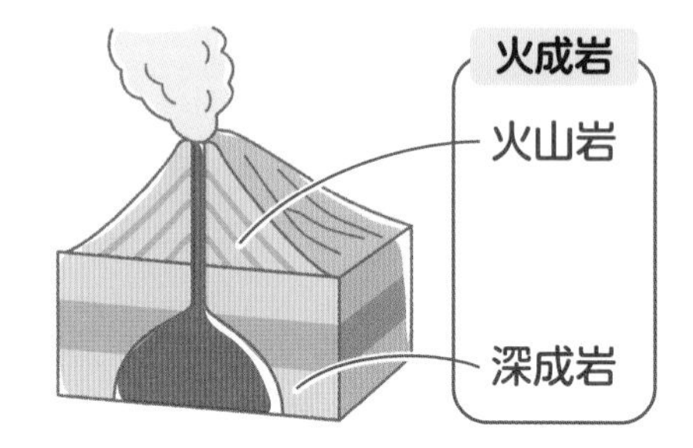

❷ 火成岩のつくり

火山岩は，マグマが地表や地表付近で急に冷え固まってできます。

石基（小さな粒の部分）の間に**斑晶**（比較的大きな鉱物）が散らばったつくりをしています。

火山岩に見られるこのつくりを**斑状組織**といいます。

深成岩は，マグマが地下深くでゆっくり冷え固まってできます。

大きな鉱物が組み合わさったつくりをしています。

深成岩に見られるこのつくりを**等粒状組織**といいます。

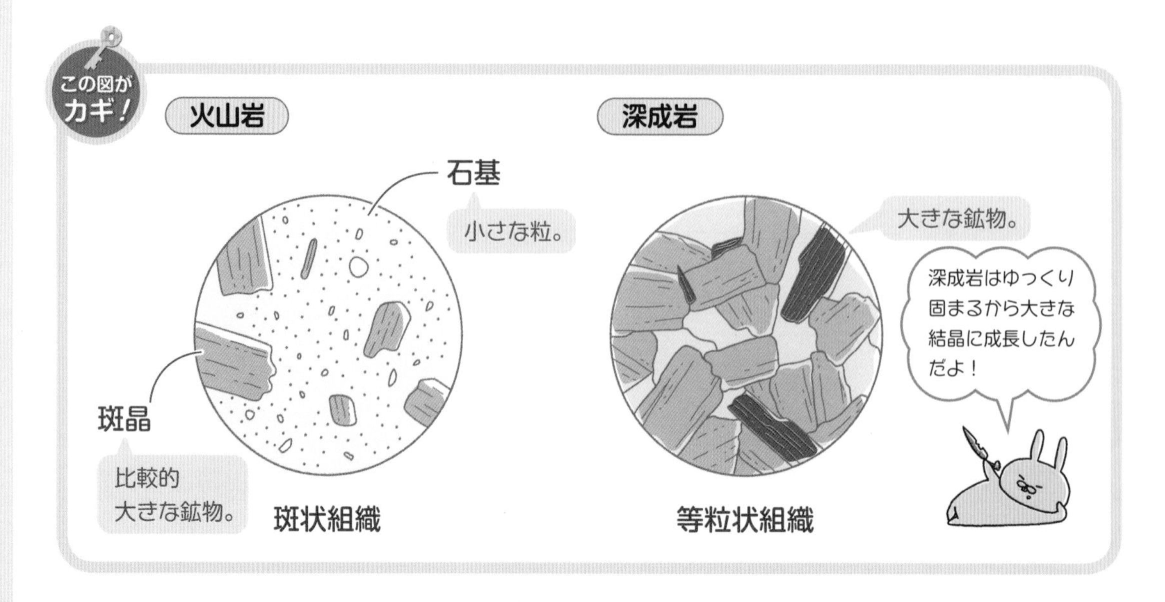

月　日

解いてみよう！

解答 p.13

1 次の図の①～④にあてはまる語句を入れましょう。

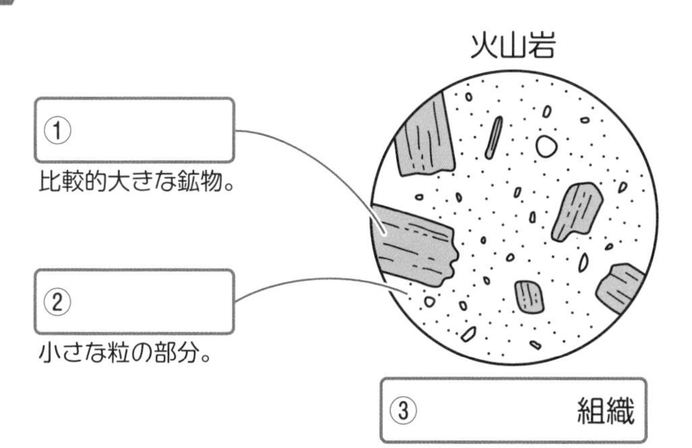

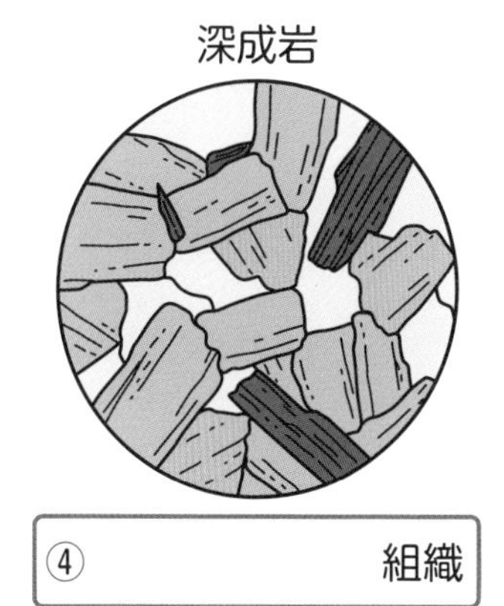

2 次の問いに答えましょう。

(1) マグマが冷え固まってできた岩石を何といいますか。

(2) (1)のうち，マグマが地表や地表付近で急に冷え固まってできた岩石を何といいますか。

(3) (1)のうち，マグマが地下深くでゆっくり冷え固まってできた岩石を何といいますか。

3 A，Bの岩石について，次の問いに答えましょう。

(1) Aのようなつくりをした火成岩を何といいますか。

(2) Bのような火成岩に見られるつくりを何といいますか。

A

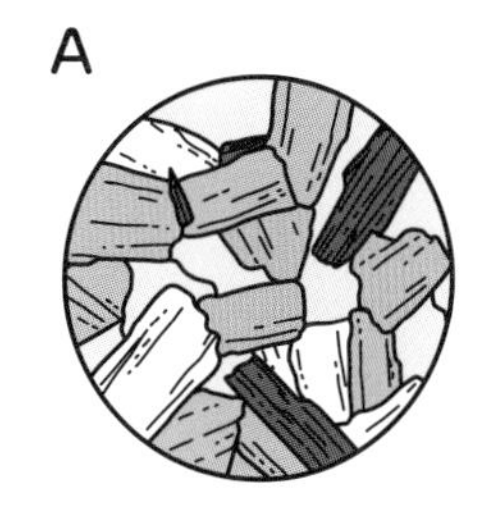

B

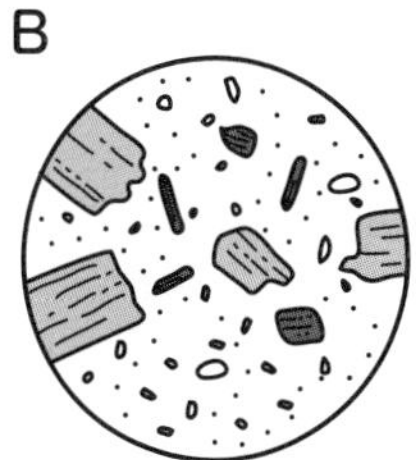

コレだけ！

- □ **火成岩には，火山岩と深成岩がある。**
- □ **火山岩のつくりを斑状組織，深成岩のつくりを等粒状組織という。**

ステージ 41

鉱物

火成岩にふくまれるものを調べよう！

火成岩をよく見てみるとつくりや色がちがうものがあるよ。どんな鉱物がふくまれているかを調べてみよう！

1 鉱物の種類

火成岩をつくる鉱物には白っぽい色の**無色鉱物**と，黒っぽい色の**有色鉱物**があります。

ふくまれる鉱物によって
火成岩の色が決まるんだね。

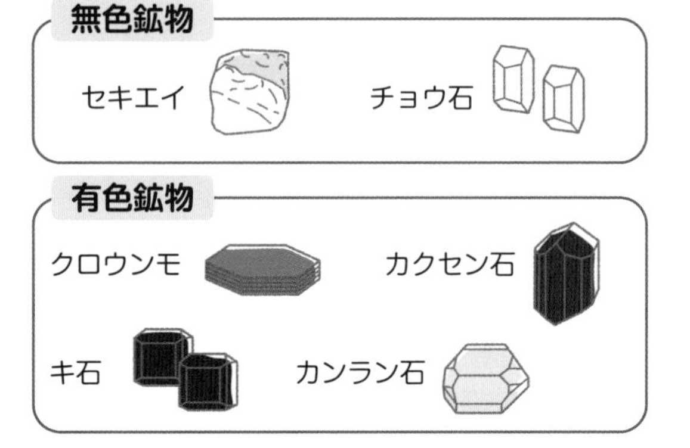

2 火成岩と鉱物

火成岩は，岩石のつくりとふくまれる鉱物の割合で，次の６種類に分けられます。

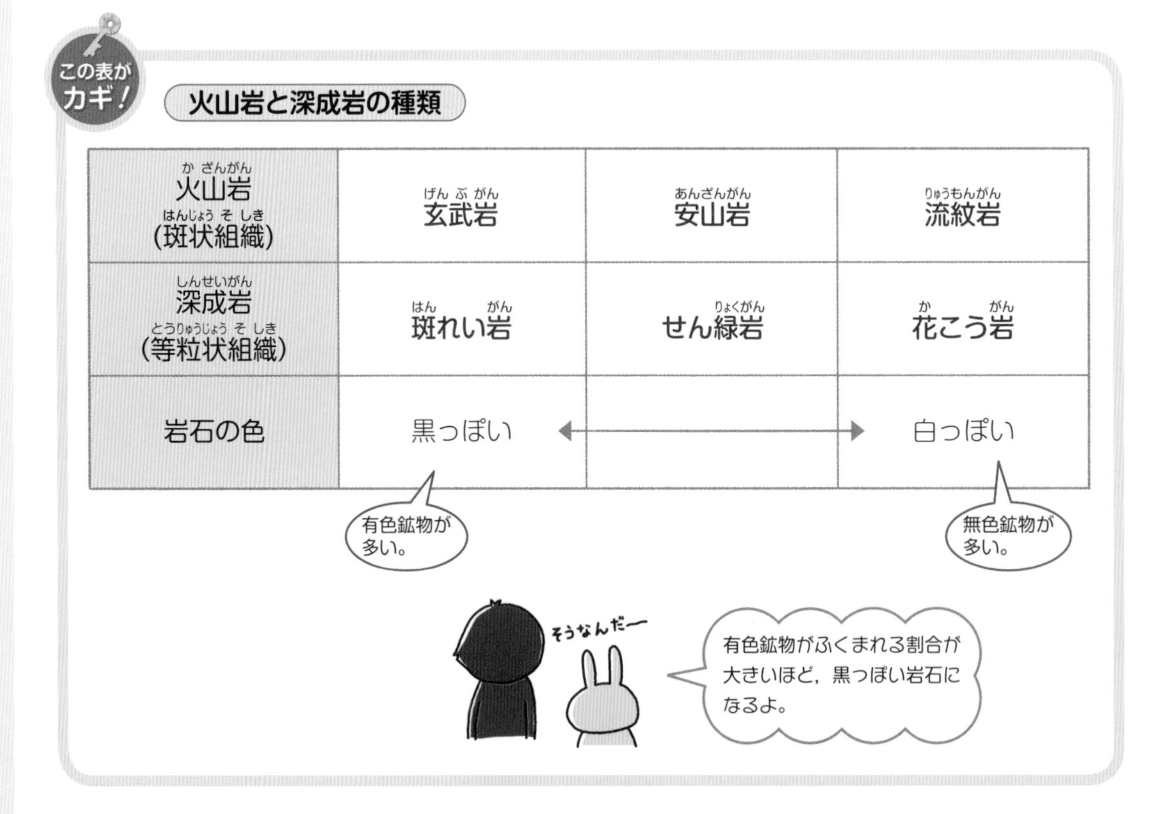

この表がカギ！

火山岩と深成岩の種類

火山岩（斑状組織）	玄武岩	安山岩	流紋岩
深成岩（等粒状組織）	斑れい岩	せん緑岩	花こう岩
岩石の色	黒っぽい	← →	白っぽい

解いてみよう！

解答 p.13

1 次の表の①～⑥にあてはまる語句を入れましょう。

火山岩（斑状組織）	①	②	③
深成岩（等粒状組織）	④	⑤	⑥
岩石の色	黒っぽい ←	→	白っぽい

2 次の問いに答えましょう。

⑴ 鉱物のうち，白っぽい鉱物を何といいますか。

⑵ 次の**ア**～**カ**のうち，⑴にふくまれるものをすべて選びましょう。

ア　セキエイ　　**イ**　キ石　　**ウ**　クロウンモ
エ　カンラン石　　**オ**　チョウ石　　**カ**　カクセン石

3 次のア～カの岩石について，あとの問いに答えましょう。

ア　流紋岩　　**イ**　せん緑岩　　**ウ**　玄武岩
エ　安山岩　　**オ**　斑れい岩　　**カ**　花こう岩

⑴ **ア**～**カ**から，火山岩を３つ選びましょう。

⑵ ⑴の岩石のうち，無色鉱物をもっとも多くふくむものを選びましょう。

⑶ **ア**～**カ**から，深成岩を３つ選びましょう。

⑷ ⑶の岩石のうち，有色鉱物をもっとも多くふくむものを選びましょう。

コレだけ！

- □ **火山岩には，玄武岩，安山岩，流紋岩がある。**
- □ **深成岩には，斑れい岩，せん緑岩，花こう岩がある。**

ステージ 42

地震のゆれの伝わり方

地震の2つの波を覚えよう！

グラグラってゆれがやってくる地震。こわいよね。地震のゆれってどうやって伝わるのかな？

1 地震

地震が発生した地下の場所を**震源**，震源の真上の地表の地点を**震央**といいます。

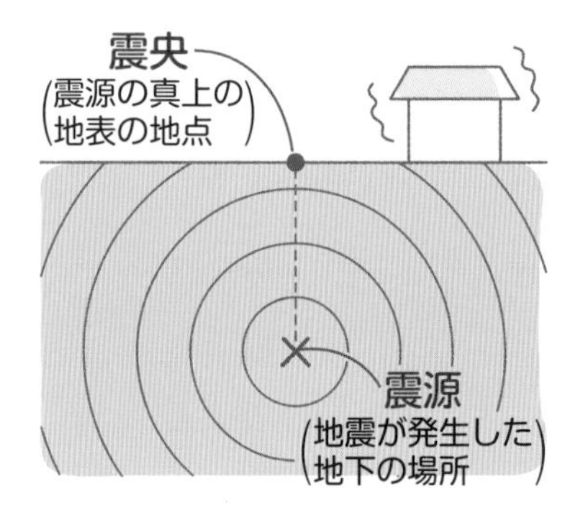

2 地震のゆれの伝わり方

地震が起こると，はじめは小さくゆれ，あとから大きくゆれます。

はじめに起こる小さなゆれを**初期微動**といい，あとから起こる大きなゆれを**主要動**といいます。

初期微動は**P波**，主要動は**S波**によって起こります。

P波とS波の到着時刻の差を**初期微動継続時間**といいます。

ここにも注目

初期微動継続時間は，震源から遠いほど長くなる！

この図がカギ！

地震計の記録

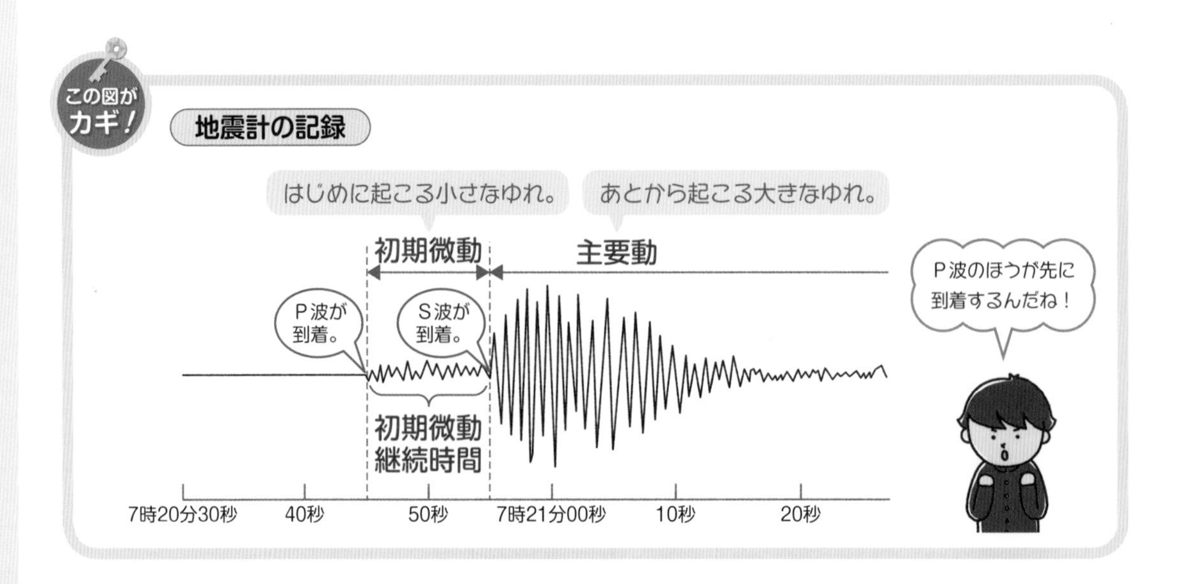

月　日

解いてみよう！

解答 p.13

1 地震計の記録を示す次の図の①～③にあてはまる語句を入れましょう。

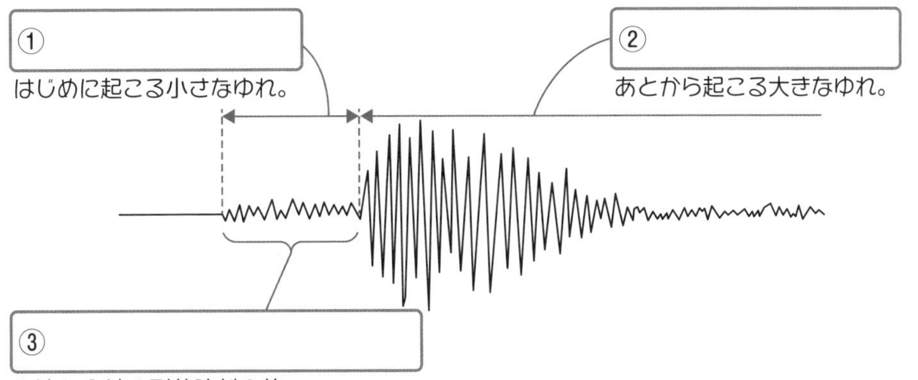

2 次の問いに答えましょう。

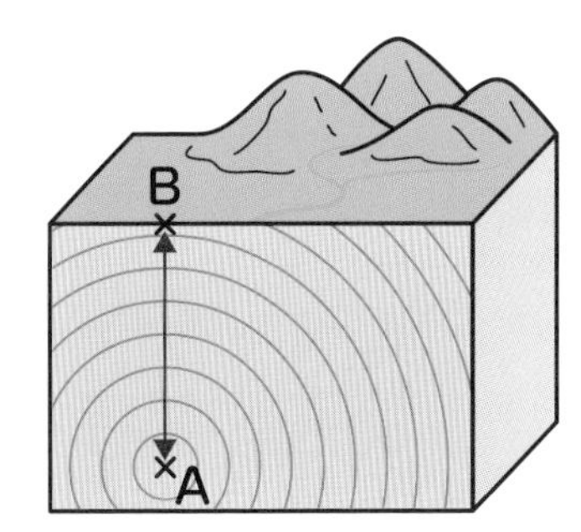

⑴　右の図のAは，地震が発生した地下の場所です。Aを何といいますか。

⑵　右の図のBは，Aの真上の地表の地点です。Bを何といいますか。

3 次の問いに答えましょう。

⑴　地震のゆれで，はじめに起こる小さなゆれを何といいますか。

⑵　⑴のゆれを起こす波を何といいますか。

⑶　⑴のゆれのあとに起こる大きなゆれを何といいますか。

⑷　⑶のゆれを起こす波を何といいますか。

⑸　⑵の波と⑷の波の到着時刻の差を何といいますか。

コレだけ！

□ はじめの小さなゆれを初期微動，あとから起こる大きなゆれを主要動という。

□ 初期微動継続時間は，震源から遠いほど長くなる。

ステージ 43 地震の規模とゆれ

震度とマグニチュードをおさえよう！

テレビの地震速報などでよく目にする，震度やマグニチュードということば。どうちがうんだろう？

❶ 震度とマグニチュード

地震のゆれの大きさを表したものを**震度**といいます。

震度はふつう，震央から遠いほど小さくなります。

また，地震の規模は**マグニチュード**で表されます。マグニチュードが大きいほど広い範囲で強いゆれが起こります。

マグニチュードと震度分布

マグニチュード9.0
（東北地方太平洋沖地震）

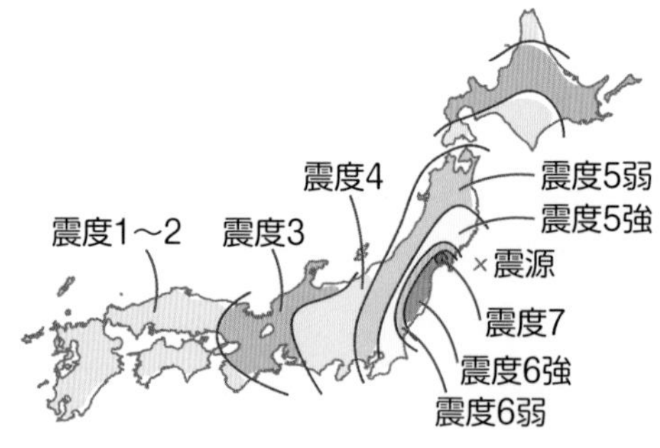

一般に，震源から**遠い**ほど震度が**小さい**。

マグニチュード5.9
（宮城県沖の地震）

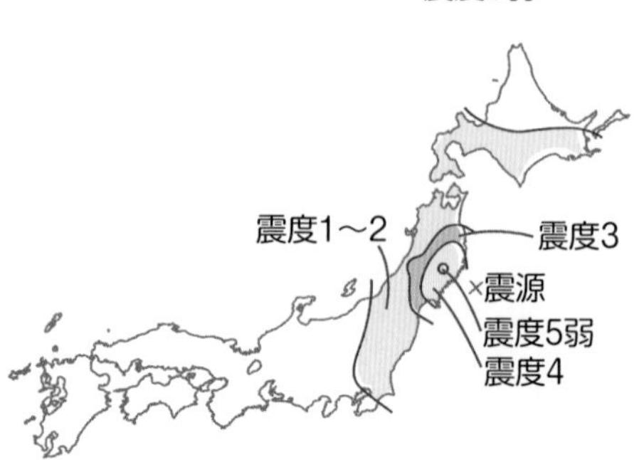

一般に，マグニチュードが**大きい**ほうがゆれる範囲が**広い**。

ここにも注目

マグニチュードが１大きくなると，エネルギーは約32倍になる。

月　日

解いてみよう！

解答 p.13

1 次の図を見て，①，②にあてはまる語句を入れましょう。

A マグニチュード9.0

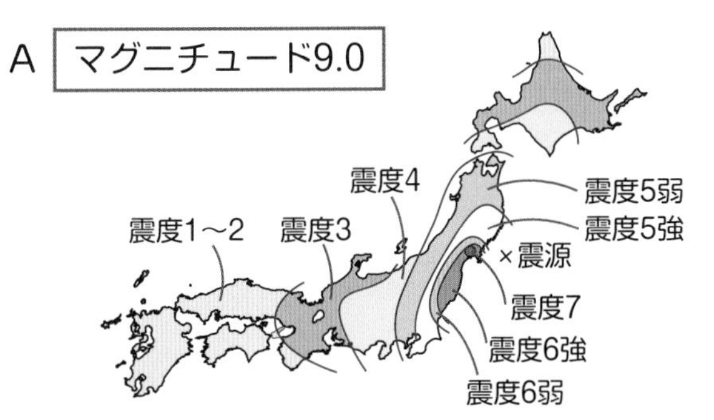

●A，Bの震度の分布から，震源から遠いほど震度が ① くなることがわかる。

B マグニチュード5.9

●A，Bの震度を比べると，マグニチュードが大きいほうが，ゆれる範囲が ② ことがわかる。

2 次の問いに答えましょう。

(1) 地震のゆれの大きさを表したものを何といいますか。

(2) (1)について正しいものを，**ア**～**ウ**から選びましょう。

ア　0～7の8段階に分けられている。
イ　0～7の10段階に分けられている。
ウ　1～7の10段階に分けられている。

(3) 地震の規模は何で表されますか。カタカナで答えましょう。

(4) (3)が1大きくなると，エネルギーは約何倍になりますか。次の**ア**～**ウ**から選びましょう。

ア　3倍　　**イ**　8倍　　**ウ**　32倍

コレだけ！

- □ **ふつう，震源から遠いほど震度は小さくなる。**
- □ **ふつう，マグニチュードが大きいほどゆれる範囲が広くなる。**

4章 大地の変化

ステージ 44

地震が起こるしくみ

地震が起こる場所をおさえよう！

日本はとても地震が多い国だけど，地震がほとんどない国もあるんだって。地震はどんな場所で起こるのかな？

1 地震が起こる場所

地球の表面は，**プレート**とよばれる厚い岩盤でおおわれています。

プレートの動きによって地下の岩石が破壊され，**断層**とよばれる大地のずれが生じると地震が起こります。

今後も活動する可能性がある断層を**活断層**といいます。

ここにも注目

日本付近では，海洋プレートが大陸プレートの下にしずみこんでいる。大陸プレートがゆがみにたえ切れず反発して，地震が発生することがある。

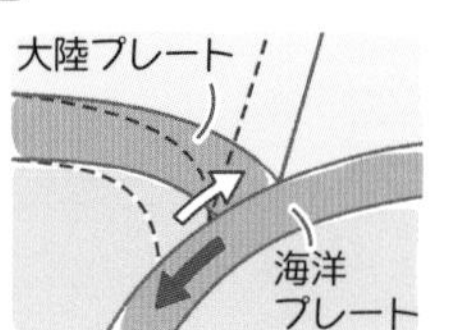

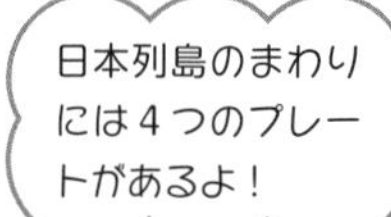

日本付近では，どのような場所で地震が起こっているのか，震源の分布を見てみましょう。

日本付近の震源の分布

地下の浅いところで起こる地震と，プレートの境界で起こる地震がある。

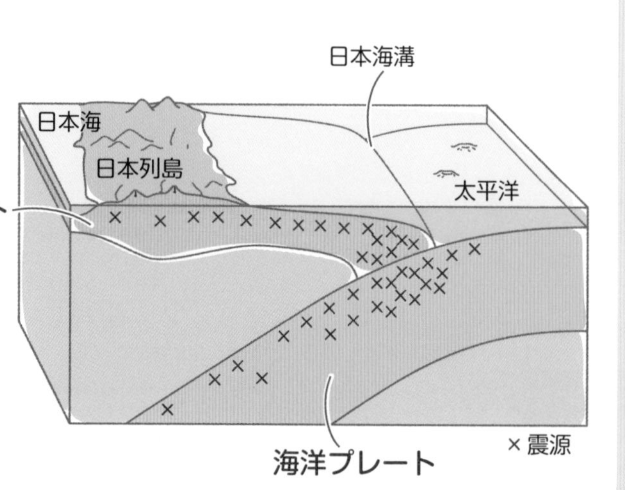

プレートの境界で起こる地震の震源は，**太平洋側**で**浅く**，**日本海側**にいくにつれて**深く**なっている。

月　日

解いてみよう！

解答 p.14

1 次の図の①～③にあてはまる語句を入れましょう。

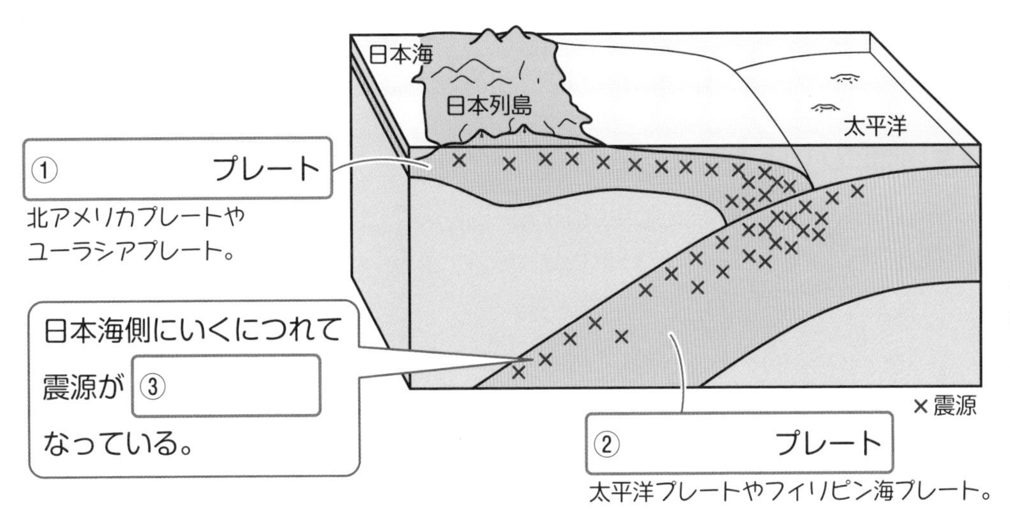

2 次の問いに答えましょう。

(1) 地球の表面をおおっている厚い岩盤を何といいますか。

(2) 地層に力が加わることで，地下の岩石が壊れて生じる大地のずれを何といいますか。

(3) 今後も活動する可能性がある(2)を何といいますか。

3 日本付近で起こる地震について説明した次の文の①，②に語句を入れましょう。

日本付近のプレートの境界では，［①］が［②］の下にしずみこみ，［②］がゆがみにたえ切れず反発して地震が発生する。

① 　　②

コレだけ！

- □ 日本付近では，海洋プレートが大陸プレートの下にしずみこんでいる。
- □ プレートが動くことによって地震が起こる。

ステージ 45

地層のでき方

土砂の積もりやすさをおさえよう！

工事現場でしま模様のがけを見つけたよ。このしま模様ができる原因は何だろう？

1 地層のでき方

岩石は長い間に気温の変化や風雨によってくずれ（**風化**），雨や流水のはたらきによってけずられて（**侵食**），れきや砂，泥になります。

れきや砂，泥は川などの水のはたらきによって下流へ運ばれ（**運搬**），平野や海岸など水の流れがゆるやかなところに積もります（**堆積**）。

これがくり返されて，**地層**ができます。

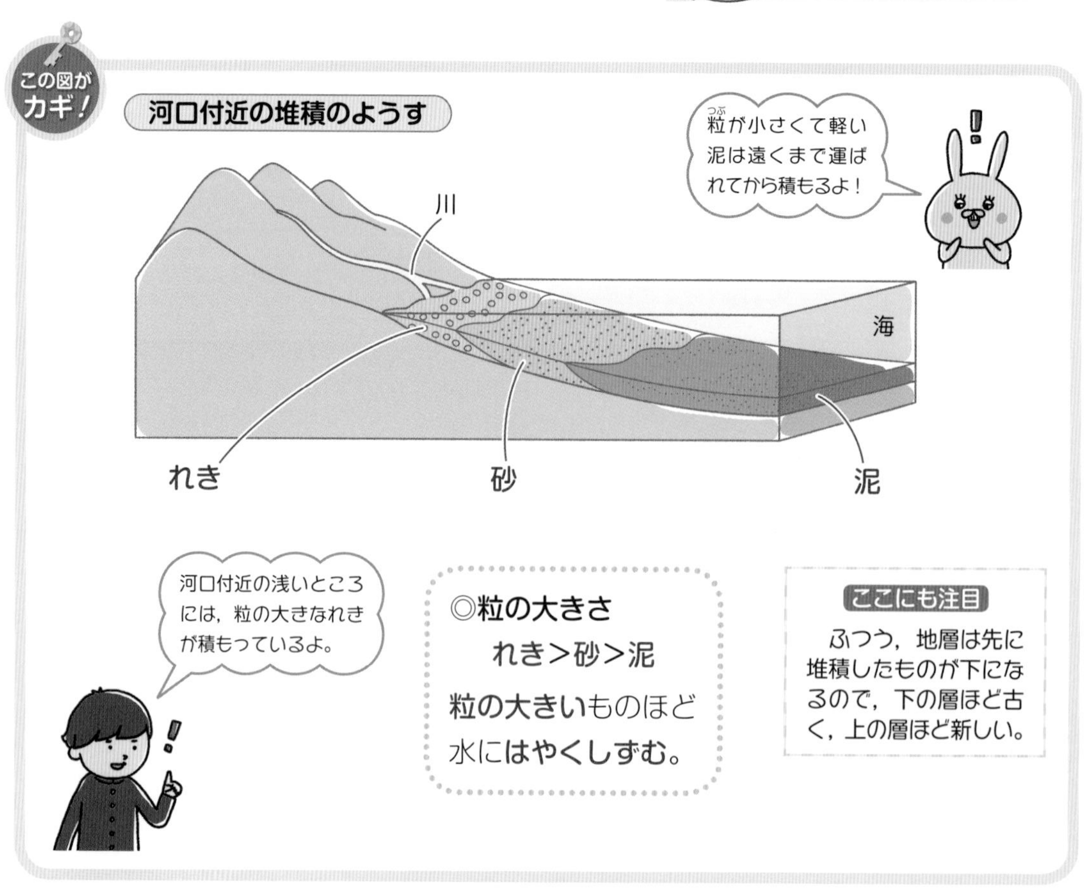

◎**粒の大きさ**

れき＞砂＞泥

粒の大きいものほど水に**はやくしずむ**。

ここにも注目

ふつう，地層は先に堆積したものが下になるので，下の層ほど古く，上の層ほど新しい。

月　日

解いてみよう！

解答 p.14

1 次の図の①～③に，れき，砂，泥のうち，あてはまるものをそれぞれ入れましょう。

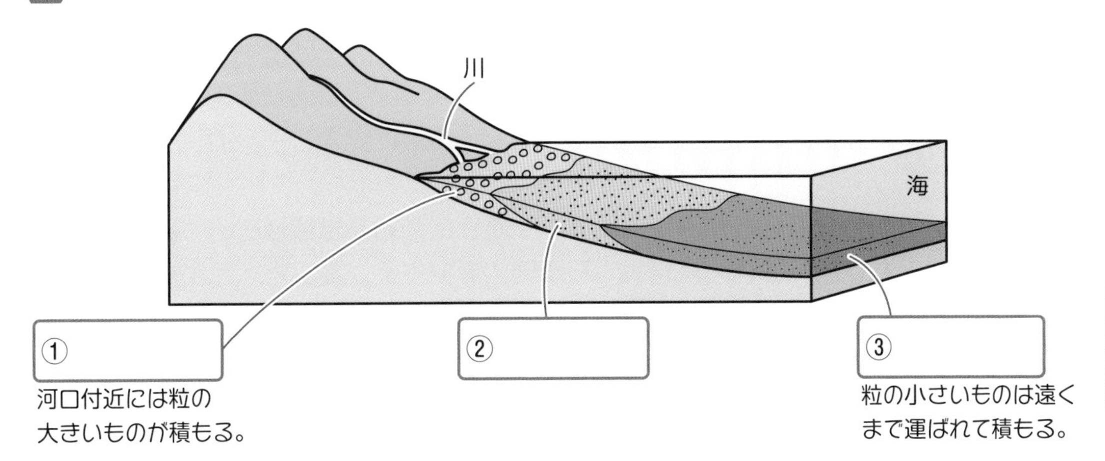

河口付近には粒の大きいものが積もる。

粒の小さいものは遠くまで運ばれて積もる。

2 次の問いに答えましょう。

(1) 岩石が，長い間に気温の変化や風雨によってくずれることを何といいますか。

(2) 岩石が，雨や流水のはたらきによってけずられることを何といいますか。

(3) れきや砂，泥などが，川などの水のはたらきによって運ばれることを何といいますか。

(4) れきや砂，泥などが，平野や海岸などに積もることを何といいますか。

(5) れき，砂，泥のうち，粒の大きさがもっとも大きいものはどれですか。

(6) れき，砂，泥のうち，もっとも遠くまで運ばれて堆積するものはどれですか。

コレだけ！

- □ **流水のはたらきには，侵食，運搬，堆積などがある。**
- □ **粒の大きいものほど，水にはやくしずむ。**

ステージ46

堆積岩

地層の中の岩石を調べよう！

地層をよく見てみると，層によって粒の大きさや色，形がちがっていることに気づいたよ。それぞれの特徴を見てみよう！

1 堆積岩

地層として堆積した粒などがおし固められてできた岩石を**堆積岩**といいます。
堆積岩には，**れき岩**，**砂岩**，**泥岩**や，**石灰岩**，**チャート**，**凝灰岩**などがあります。

2 れき岩・砂岩・泥岩

れき岩，砂岩，泥岩は，土砂が堆積してできた岩石で，岩石をつくる土砂の粒の大きさで区別されます。

土砂が堆積してできた堆積岩

れき岩

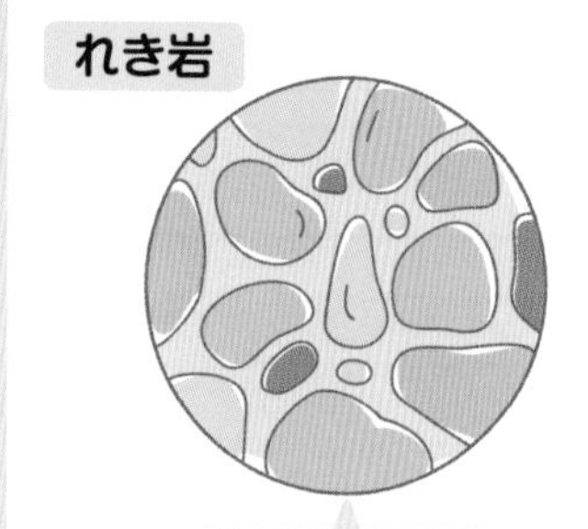

2mm以上の粒。

砂岩

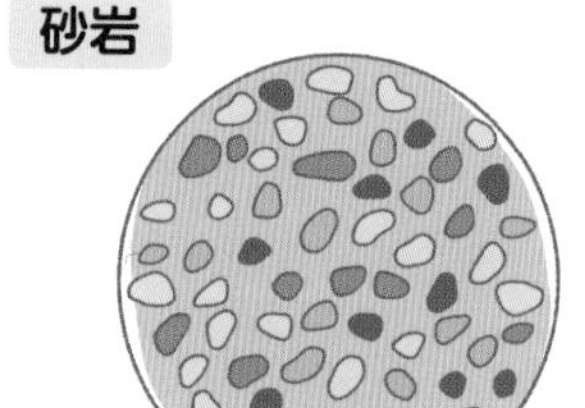

$\frac{1}{16}$mm～2mmの粒。

泥岩

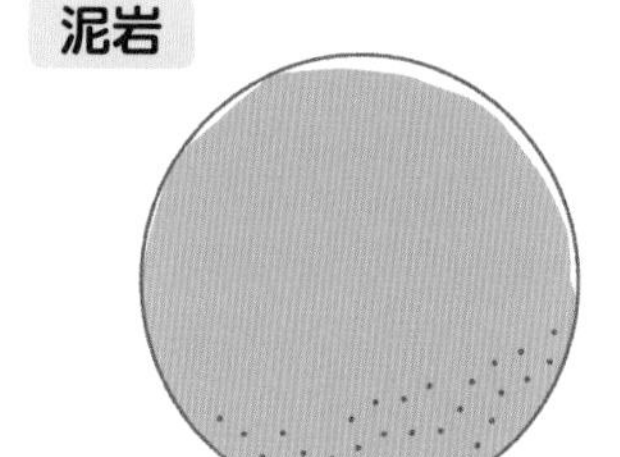

$\frac{1}{16}$mm以下の粒。

3 石灰岩・チャート・凝灰岩

石灰岩，チャートは，生物の死がいなどが堆積してできた岩石です。

凝灰岩は，火山灰などの**火山噴出物**が堆積してできた岩石です。

ここにも注目

石灰岩とチャートの見分け方

うすい塩酸をかける
- 二酸化炭素が発生する →石灰岩
- 二酸化炭素が発生しない →チャート

月　日

解答 p.14

1 次の図の①～③にあてはまる堆積岩の名称を入れましょう。

●土砂が堆積してできた堆積岩

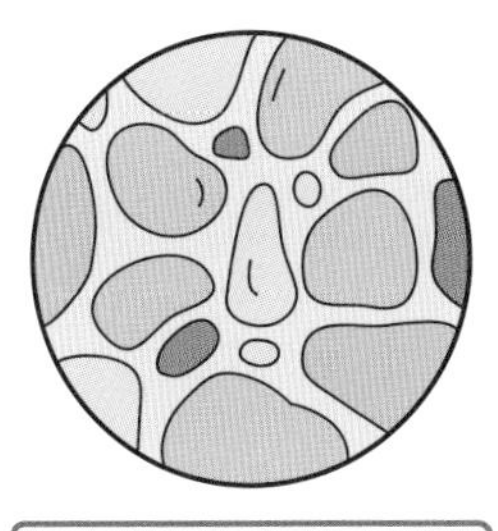

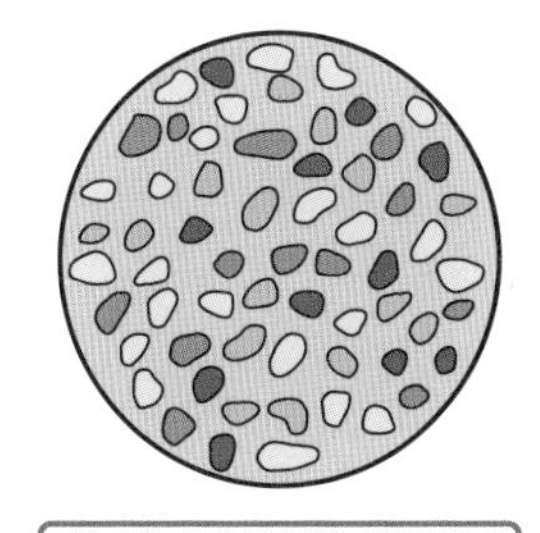

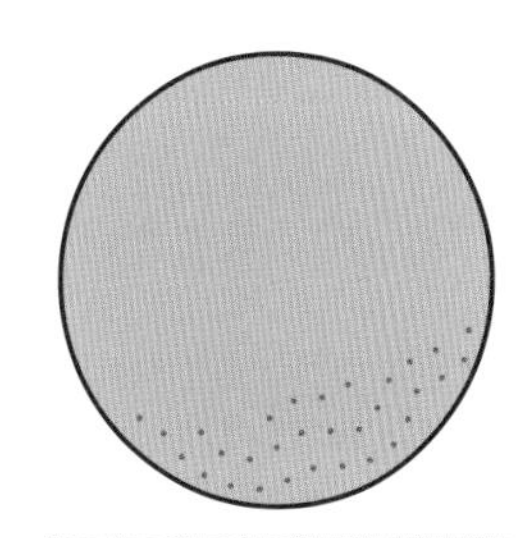

① ［　　　］
2mm 以上の粒からなる。

② ［　　　］
$\frac{1}{16}$ mm～2mm の粒からなる。

③ ［　　　］
$\frac{1}{16}$ mm 以下の粒からなる。

2 次の問いに答えましょう。

(1)　堆積した粒などがおし固められてできた岩石を何といいますか。

［　　　］

(2)　れき岩，砂岩，泥岩は，岩石をつくる粒のどのようなちがいによって区別されますか。次の**ア**～**ウ**から選びましょう。

［　　　］

ア　粒のかたさ　　**イ**　粒の大きさ　　**ウ**　粒の色

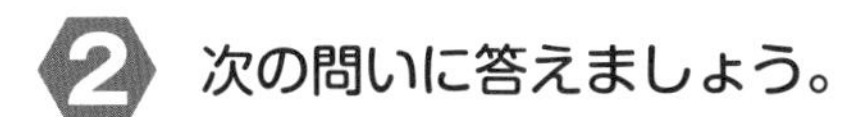

(3)　生物の死がいなどが堆積してできた岩石で，うすい塩酸をかけると気体が発生する岩石は何ですか。

［　　　］

(4)　(3)で発生した気体は何ですか。

［　　　］

(5)　生物の死がいなどが堆積してできた岩石で，うすい塩酸をかけても気体が発生しない岩石は何ですか。

［　　　］

(6)　火山灰などの火山噴出物が堆積してできた岩石を何といいますか。

［　　　］

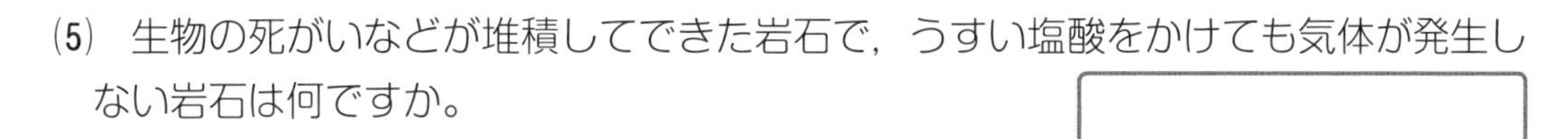

コレだけ！

☐ **れき岩，砂岩，泥岩は，粒の大きさで区別する。れき岩＞砂岩＞泥岩の順。**

☐ **火山灰などが堆積してできた堆積岩を凝灰岩という。**

ステージ 47

化石

化石からわかることをおさえよう！

地層の中から化石が発見されると，その化石からいろいろなことがわかるんだって。大昔に旅しているみたいだね。

生物の骨やあし跡などが，長い年月をかけて地層の中に残ったものを**化石**といいます。

① 示相化石

地層ができた当時の**環境**を知る手がかりになる化石を**示相化石**といいます。

アサリ	浅い海
サンゴ	あたたかい浅い海
シジミ	河口や湖
ブナ	やや寒い気候の陸地

示相化石となるのは，限られた環境にしかすめない生物の化石だよ！

② 示準化石

地層ができた年代（**地質年代**）を知る手がかりになる化石を**示準化石**といいます。

地質年代は，古いものから古生代，中生代，新生代に分けられています。

地質年代と示準化石

地質年代	古生代	中生代	新生代
示準化石	フズリナ サンヨウチュウ	アンモナイト ティラノサウルス	ビカリア ナウマンゾウ

地質年代に対応する化石を覚えておこう！

解いてみよう！

解答 p.14

1 次の図の①～④にあてはまる語句を入れましょう。

地質年代	古生代	中生代	④
①　　化石 地層ができた年代を知る手がかりになる化石。	フズリナ ②	③ ティラノサウルス	ビカリア ナウマンゾウ

2 次の問いに答えましょう。

(1) 地層ができた当時の環境を知る手がかりになる化石を何といいますか。

(2) サンゴの化石が発見された地層は，堆積した当時どのような環境であったと考えられますか。次の**ア**～**ウ**から選びましょう。

ア　あたたかい浅い海　　**イ**　やや寒い気候の土地　　**ウ**　河口や湖

3 次の問いに答えましょう。

(1) 地層ができた年代を知る手がかりになる化石を何といいますか。

(2) ビカリアの化石が発見された地層は，いつ堆積したと考えられますか。次の**ア**～**ウ**から選びましょう。

ア　古生代　　**イ**　中生代　　**ウ**　新生代

コレだけ！

- □ **示相化石は，地層ができた当時の環境を知る手がかりになる。**
- □ **示準化石は，地層ができた年代を知る手がかりになる。**

ステージ48

地層から読みとれること

地層や大地の歴史を読み解こう！

地層(ちそう)を見ると，大地の変動のようすや地層が堆積(たいせき)した当時の環境(かんきょう)を推定(すいてい)できるよ！

1 地層から読みとれること

堆積岩(たいせきがん)の種類や地層に見られる化石などから，堆積した当時の環境を考えてみましょう。

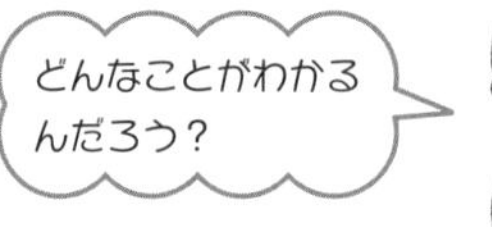

地層から読みとれること

れき岩や**砂岩**(さがん)，**泥岩**(でいがん)の層が見られるとき，その場所は**川や海，湖**であったことがわかる。

火山灰(かざんばい)**の層**が見られるとき，**火山の噴火**(ふんか)があったことがわかる。

示相化石(しそうかせき)は，堆積した当時の**環境**を知る手がかりになる。

示準化石(しじゅんかせき)は，堆積した**年代**を知る手がかりになる。

ふつう，地層は**下の層ほど古く**，上の層ほど新しい。

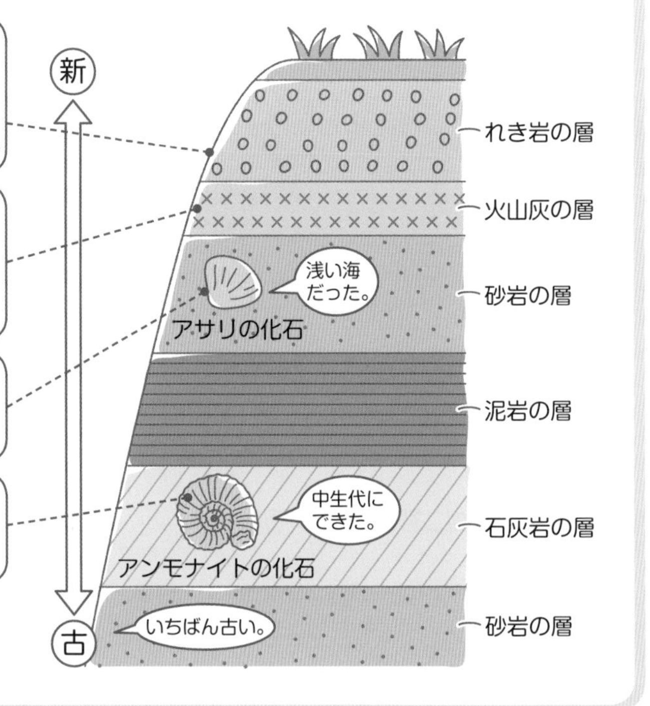

ここにも注目

地層が下から，泥(どろ)→砂→れきの順に積み重なっているとき，その場所は，長い間に土地の高さや海水面が変化することによって，沖合(おきあい)の深い海から，だんだん河口に近くなっていったことがわかる。

解いてみよう！

解答 p.15

1 次の図の①～④にあてはまる語句を入れましょう。

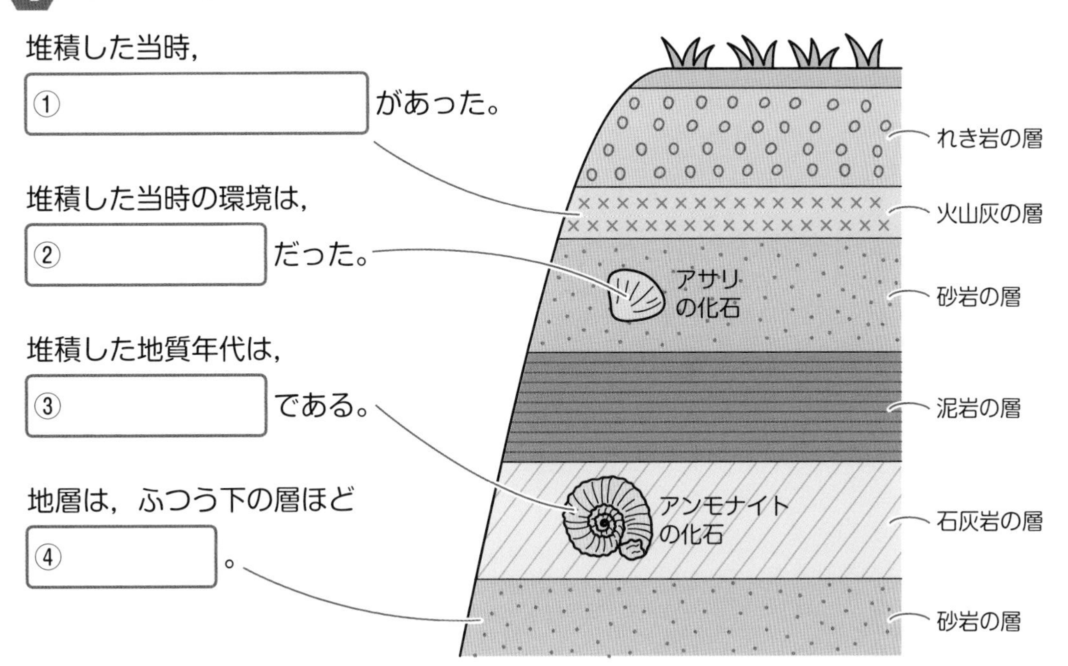

2 図は，あるがけに見られた地層です。次の問いに答えましょう。

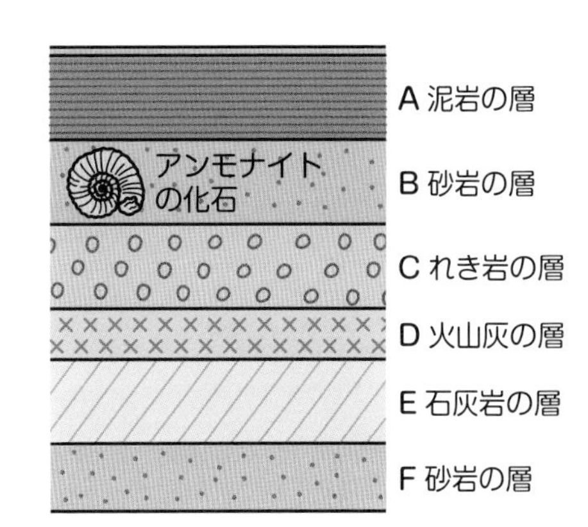

(1) A～Fのうち，堆積した当時，火山の噴火があったと考えられる層はどれですか。

(2) Bにアンモナイトの化石が見られます。このような示準化石から推定できることは，ア，イのどちらですか。

ア　Bが堆積した当時の環境　　イ　Bが堆積した年代

(3) A～Fのうち，もっとも古い層はどれですか。

コレだけ！

□ 堆積岩の種類や化石は，堆積した当時の環境や堆積した年代などを知る手がかりとなる。

ステージ 49

大地の変動

地層の曲がりとずれを調べよう！

地層をよく観察すると，ずれていたり，曲がっていたりするものがあるよ。これらのずれや曲がりはどうやってできたのかな？

1 大地の変動

大地に大きな力が加わって，大地がもち上がることを**隆起**，しずむことを**沈降**といいます。

堆積した地層に大きな力が加わってできた曲がりを**しゅう曲**といいます。

また，地層に大きな力が加わってできたずれを**断層**といいます。

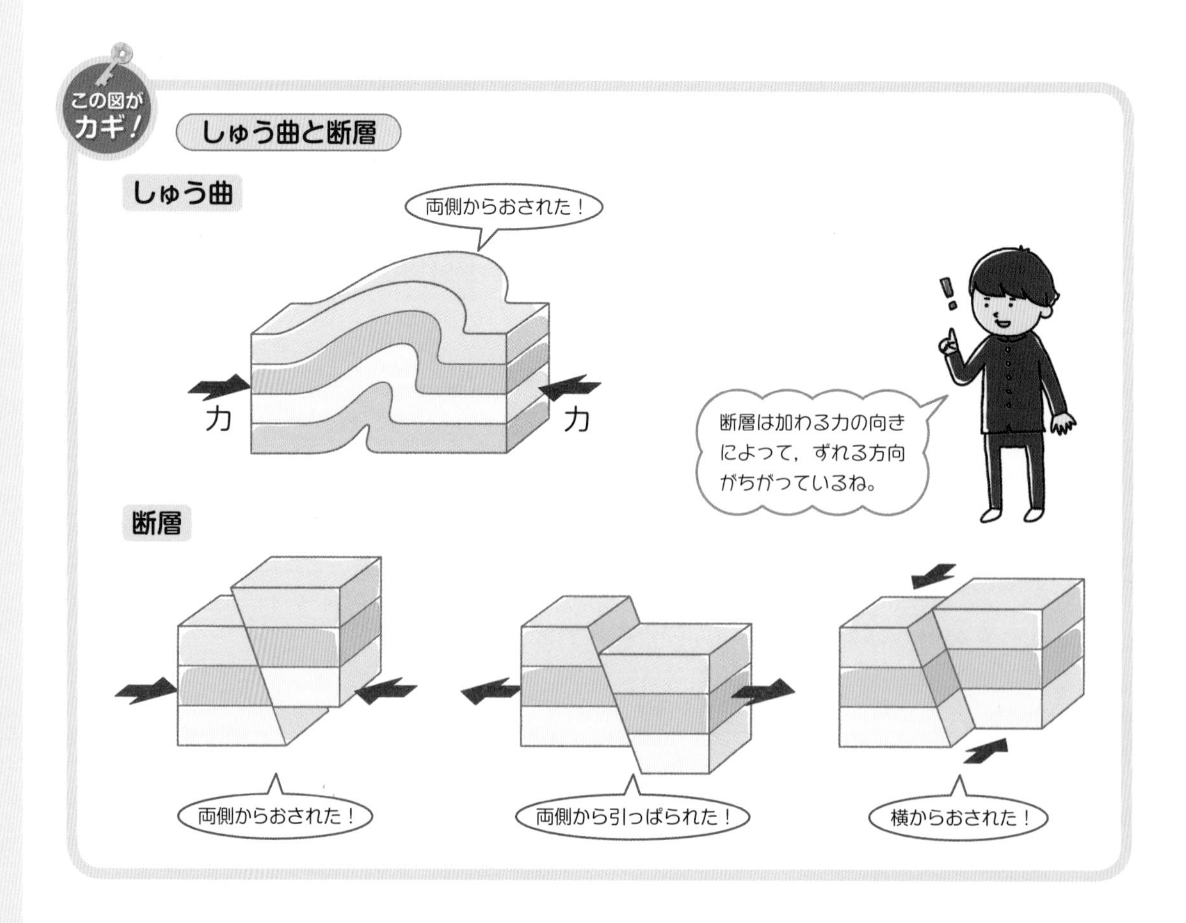

解いてみよう！

解答 p.15

1 次の図の①，②にあてはまる語句を入れましょう。

地層に力が加わってできた曲がり。

地層に力が加わってできたずれ。

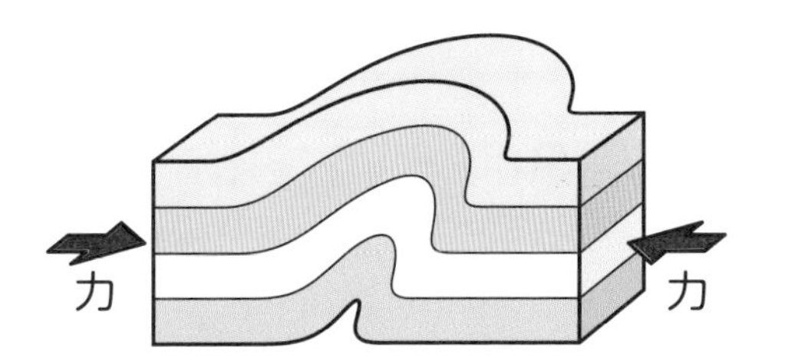

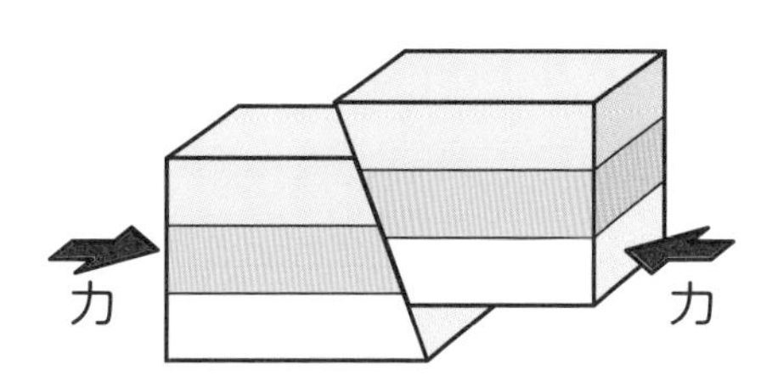

2 次の問いに答えましょう。

(1) 大地に大きな力が加わって，大地がもち上がることを何といいますか。

(2) 大地に大きな力が加わって，大地がしずむことを何といいますか。

3 次の問いに答えましょう。

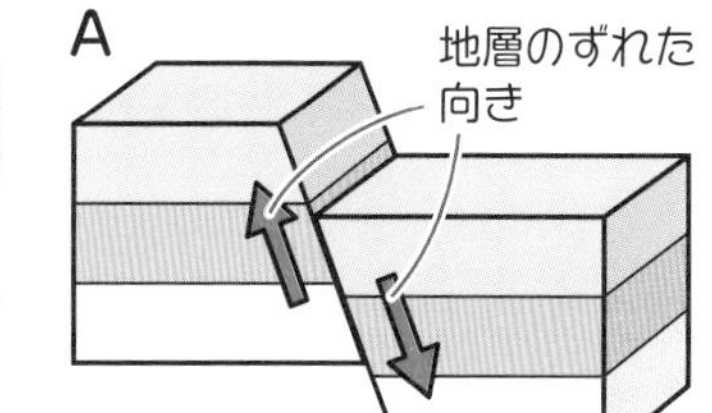

(1) Aのような地層のずれを何といいますか。

(2) Aは，地層にどのような力がはたらいてできましたか。次のア，イから選びましょう。

ア　両側からおす力
イ　両側から引っぱる力

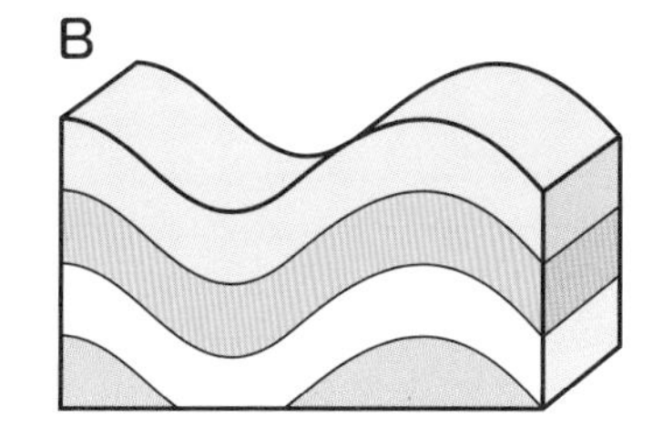

(3) Bは，地層にどのような力がはたらいてできましたか。(2)のア，イから選びましょう。

□ **地層に力が加わってできた曲がりをしゅう曲という。**
□ **地層に力が加わってできたずれを断層という。**

ステージ 50

自然の恵みと災害

火山災害や地震災害をおさえよう！

火山の噴火や地震によって，どのような災害が起こるのかな？起こる災害と，その対策や身を守る方法を調べてみよう！

❶ 火山災害と地震災害

火山の噴火は，美しい景観をつくったり，**温泉**がわき出したりするなど，わたしたちの恵みとなっています。

しかし，火山が噴火すると，**火山灰**や**溶岩**によって家屋や道路が埋もれたり，農作物に被害が出たり，**火砕流**が起こったりして，大きな被害を受けることがあります。

地震の大きなゆれは，建物の倒壊や**土砂崩れ**を起こします。
震源が海底にあった場合は，海水が急にもち上げられて**津波**が発生することがあります。
海岸の埋め立て地や河川ぞいのやわらかい砂地では**液状化**が起こり，地面が沈下することがあります。

❷ 災害から身を守る

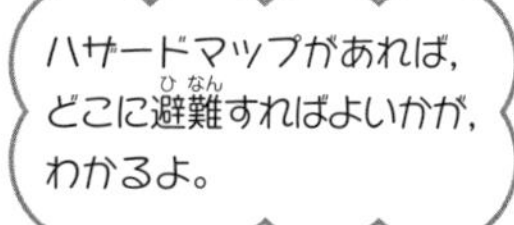

火山の噴火や地震による津波，洪水などの災害による被害を最小限にするため，被害がおよぶと予測される範囲を示した**ハザードマップ**が作成されています。

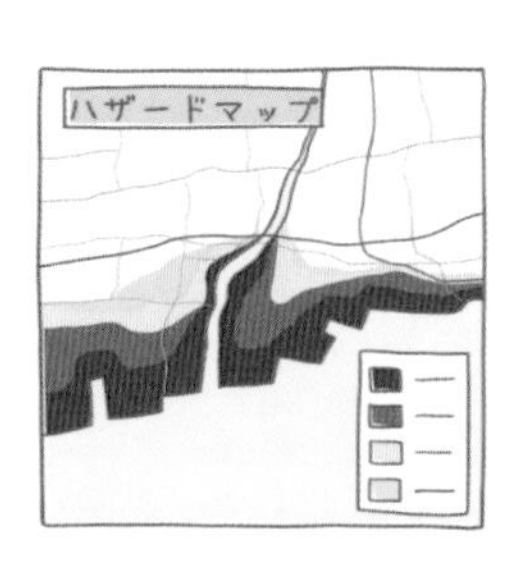

また，大きな地震が発生すると，少しでも地震に備えられるように，震度などを予測して知らせる**緊急地震速報**が出されます。

月　日

解いてみよう！

解答 p.15

1 次の図は，災害から身を守るための情報やしくみを表したものです。①，②にあてはまる語句を入れましょう。

①

火山の噴火や地震による津波，洪水などの災害予測図。

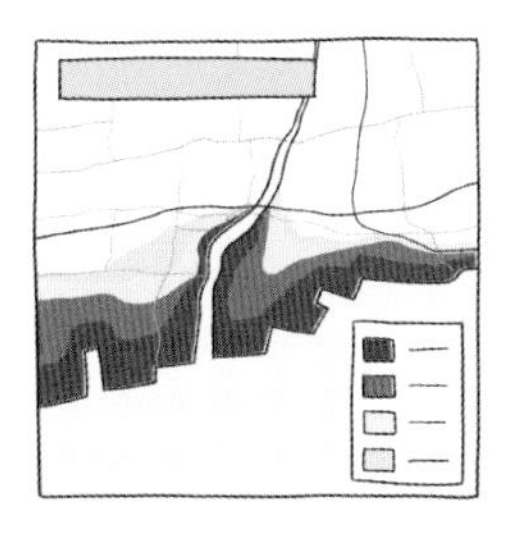

②

大きな地震が発生したときに，主要動の発生時刻や震度を予測して知らせるシステム。

2 次の問いに答えましょう。

(1) 火山による恵みにはどんなものがありますか。１つ書きましょう。

(2) 震源が海底にあったとき，その上にある海水が急にもち上げられて発生することがある現象を何といいますか。

(3) 地震のゆれによって，土地が急に軟弱（なんじゃく）になったり，地面から土砂や水がふき出したりする現象を何といいますか。

(4) 火山の噴火や地震による被害を少なくするために作成された，被害が想定される地域や避難場所，避難経路などの情報を入れた地図を何といいますか。

(5) 地震発生直後に，大きなゆれがくることを事前に知らせる予報を何といいますか。

コレだけ！

- □ **地震によって，津波や液状化，土砂崩れなどの現象が起こることがある。**
- □ **火山の噴火や地震による津波などの災害に備えて，ハザードマップが作成されている。**

確認テスト

解答 p.15

/100点

1 右の図のA，Bの火山について，次の問いに答えましょう。(7点×3)

A

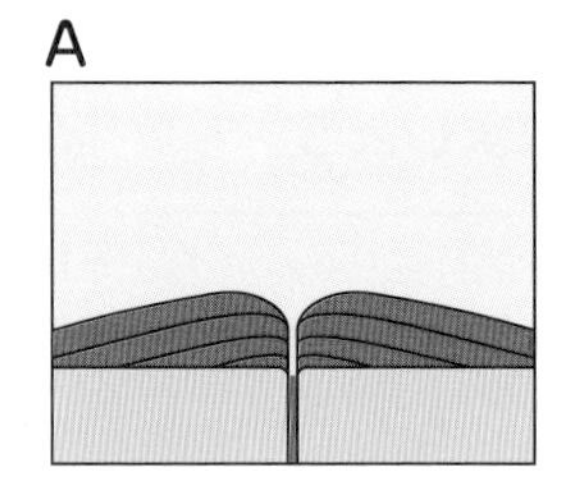

B

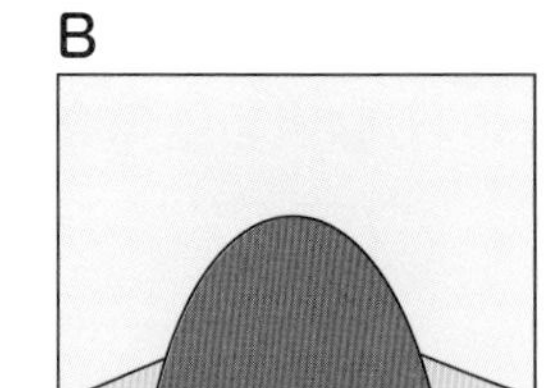

(1) マグマが地表に流れ出たものを何といいますか。

(2) 火山をつくるマグマのねばりけが弱い（小さい）のは，A，Bのどちらの火山ですか。

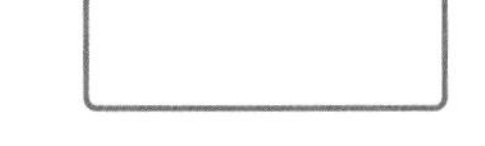

(3) 噴火のようすが激しく爆発的になることがあるのは，A，Bのどちらの火山ですか。

2 右の図のA，Bは，2種類の火成岩のようすを表したものです。次の問いに答えましょう。(7点×4)

ステージ 40 41

A

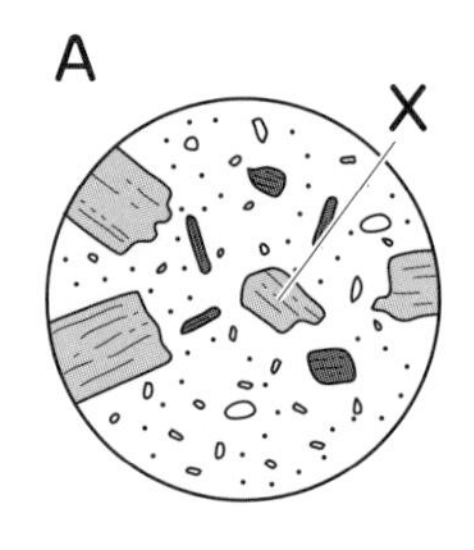

B

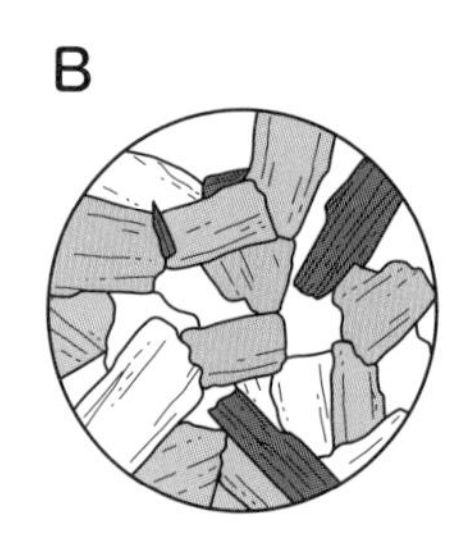

(2) Aのつくりに見られる，比較的大きな鉱物Xを何といいますか。

(3) Bのような火成岩のつくりを何といいますか。

(4) Aの火成岩は黒っぽい色をしていました。Aは何という火成岩と考えられますか。次のア～エから選びましょう。

ア 流紋岩　　イ 花こう岩

ウ 玄武岩　　エ 斑れい岩

3 右の図は，ある地震における地点A，Bでの地震計の記録です。次の問いに答えましょう。(6点×5)　ステージ 42 43

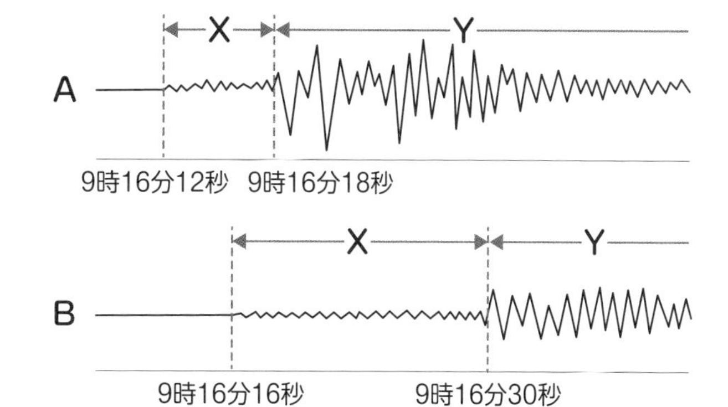

(1)　P波によって起こるゆれは，X，Yのどちらですか。

(2)　あとから起こる大きなゆれYを何といいますか。

(3)　地点Aでの初期微動継続時間は何秒ですか。

(4)　震源からの距離が遠いのは，地点A，Bのどちらですか。

(5)　地震のゆれの大きさを表したものを何といいますか。

4 右の図は，あるがけに見られた地層です。次の問いに答えましょう。(7点×3)

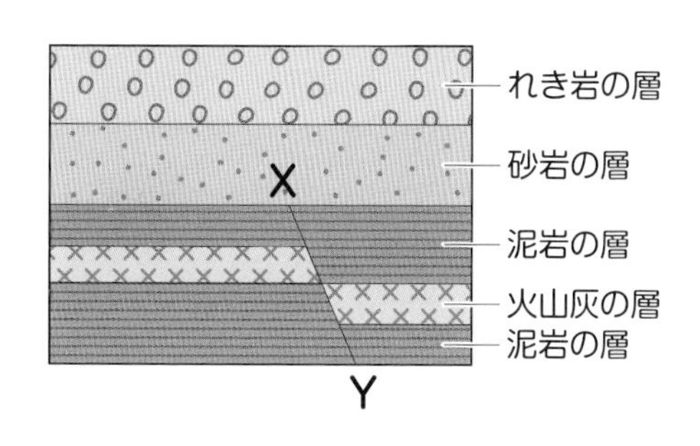

(1)　図の地層に見られる地層のずれX－Yを何といいますか。

(2)　砂岩の層からはアンモナイトの化石が見つかりました。砂岩の層が堆積した年代はいつと考えられますか。次のア～ウから選びましょう。

ア　古生代　　**イ**　中生代　　**ウ**　新生代

(3)　火山灰の層があることから，火山灰の層が堆積した当時，どのようなことが起こったことがわかりますか。

4章　大地の変化

ととまるの プラス1ページ

いろいろな鉱物の特徴

火成岩をつくる鉱物には，無色鉱物と有色鉱物がある。

	鉱物	特徴
無色鉱物	セキエイ	無色か白色で，不規則に割れる。
	チョウ石	白色か灰色で，決まった方向に割れる。
有色鉱物	クロウンモ	黒色で，決まった方向にうすくはがれる。
	カクセン石	黒色か濃い褐色で，長い柱状の形をしている。
	キ石	黒緑色か濃い褐色で，短い柱状の形をしている。
	カンラン石	うす緑色か黄褐色で，ガラス状の小さい粒である。
	磁鉄鉱	黒色で，磁石につきやすい。

有色鉱物を多くふくむと
黒っぽい火成岩になるよ！

□ 編集協力　㈲マイプラン　平松元子　松本陽一郎
□ 本文デザイン　studio1043　CONNECT
□ DTP　㈲マイプラン
□ 図版作成　㈲マイプラン
□ イラスト　さやましょうこ（㈲マイプラン）

シグマベスト
ぐーんっとやさしく
中１理科

編　者　文英堂編集部
発行者　益井英郎
印刷所　株式会社加藤文明社
発行所　株式会社文英堂
〒601-8121　京都市南区上鳥羽大物町28
〒162-0832　東京都新宿区岩戸町17
(代表)03-3269-4231

●落丁・乱丁はおとりかえします。

中1理科

ぐーんっと やさしく

解答と解説

文英堂

ステージ 1

身近な生物の観察

身のまわりの生物を観察しよう!

1 ルーペの使い方を示す次の図の①～④にあてはまる語句を入れましょう。

●観察するものが動かせるとき

ルーペを目に ① 近づけて 持つ。

② 観察するもの を前後に動かしてピントを合わせる。

●観察するものが動かせないとき

ルーペを目に ③ 近づけて 持つ。

④ 顔 を前後に動かしてピントを合わせる。

2 次の(1)～(4)のスケッチのしかたについて，正しいものには○，まちがっているものには×をつけましょう。

(1) 目的のもの以外にも，まわりに見えたものがあればかく。 ×

(2) 観察した日や天気なども記録する。 ○

(3) 先の丸い鉛筆を使って，太い線ではっきりとかく。 ×

(4) 細い線でかき，ぬりつぶしたり，影をつけたりしない。 ○

3 ルーペを使うときにしてはいけないことを答えましょう。

ルーペを通して太陽を見ること。

ステージ 2

顕微鏡の使い方

顕微鏡を使ってみよう!

1 次の図の①～④にあてはまる語句を入れましょう。

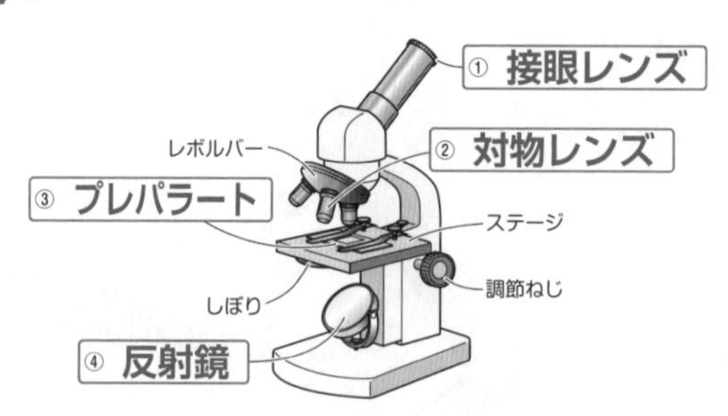

2 次のA～Fを顕微鏡の使い方として正しい順に並べましょう。ただし，Aをはじめとします。

A 接眼レンズ，対物レンズの順にレンズをとりつける。
B しぼりを回して，見たいものがはっきり見えるように調節する。
C 真横から見ながら，調節ねじを回してプレパラートと対物レンズを近づける。
D プレパラートをステージにのせる。
E 接眼レンズをのぞき，プレパラートと対物レンズを遠ざけながらピントを合わせる。
F 反射鏡を動かし，視野を明るくする。

A → F → D → C → E → B

3 次の①，②の生物をそれぞれ何といいますか。

① 

② 

① ミカヅキモ

② ゾウリムシ

ステージ 3

花のつくり

花のつくりを調べよう!

1 次の図の①～④にあてはまる語句を入れましょう。

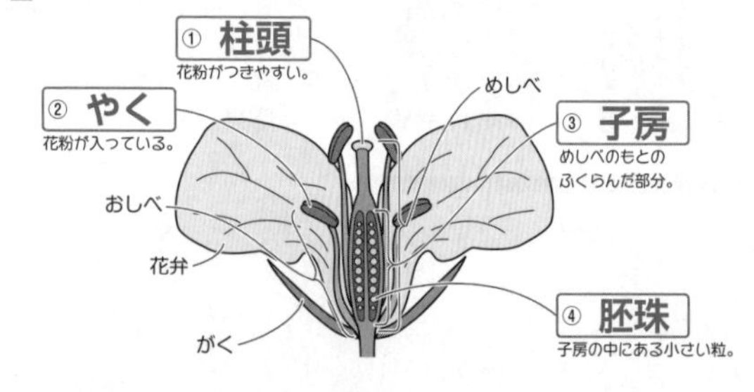

2 アブラナの花には，おしべ，めしべ，花弁，がくというつくりがあります。これらを外側についているものから順に並べましょう。

がく → 花弁 → おしべ → めしべ

3 次の問いに答えましょう。

(1) やくの中には何が入っていますか。 花粉

(2) めしべのもとのふくらんだ部分を何といいますか。 子房

(3) (2)の中には何が入っていますか。 胚珠

胚珠の数は植物によってちがう。

ステージ 4

花のはたらき

花のはたらきを覚えよう!

1 次の図の①～④にあてはまる語句を入れましょう。

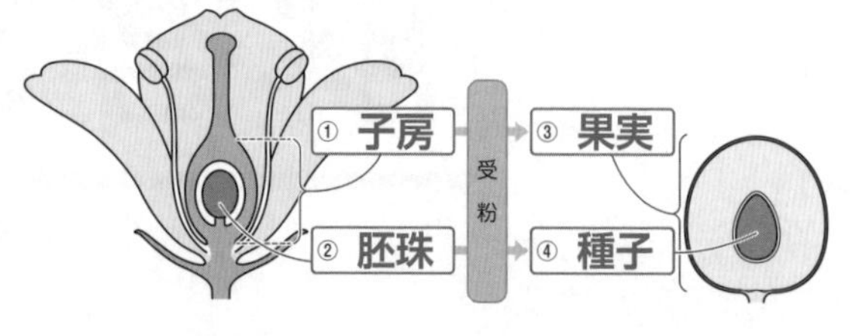

2 次の問いに答えましょう。

(1) めしべの先にある柱頭に，花粉がつくことを何といいますか。 受粉

(2) 受粉が起こると，子房は成長して何になりますか。 果実

(3) 受粉が起こると，胚珠は成長して何になりますか。 種子

(4) 種子をつくってふえる植物を何といいますか。 種子植物

ステージ 5
マツの花のつくり
マツの花を調べよう!

1 次の図の①～④にあてはまる語句を入れましょう。

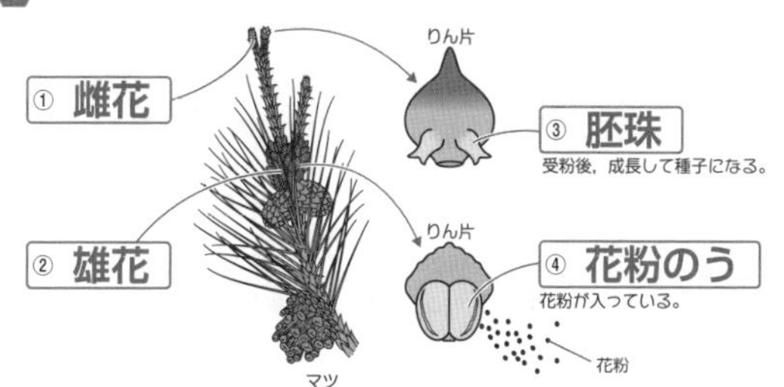

2 次の問いに答えましょう。

(1) マツの花のりん片に胚珠があるのは，雌花，雄花のどちらですか。
雌花

(2) マツの花のりん片にある，花粉が入っている袋を何といいますか。
花粉のう

(3) マツの花のりん片にある胚珠は，受粉後成長して何になりますか。
種子

3 次の問いに答えましょう。

(1) 種子植物のうち，胚珠が子房の中にある植物のなかまを何といいますか。
被子植物

(2) 種子植物のうち，胚珠がむき出しになっている植物のなかまを何といいますか。
裸子植物

ステージ 6
根・葉のつくり
根・葉のようすを調べよう!

1 次の図の①～③にあてはまる語句を入れましょう。

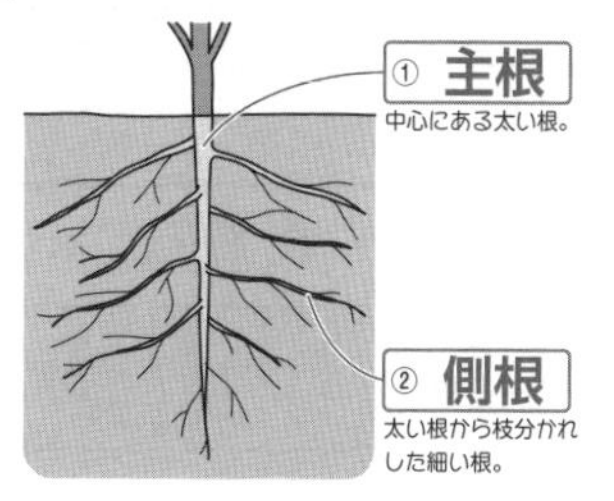

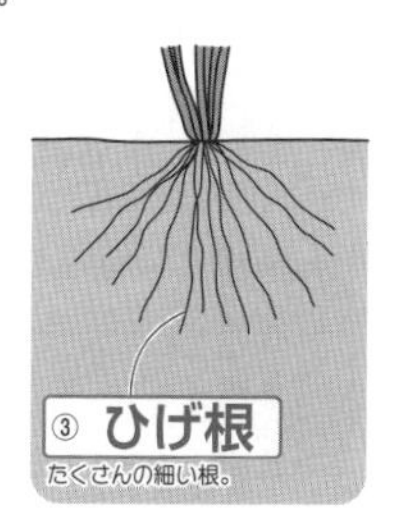

2 次の問いに答えましょう。

(1) ヒマワリの根は，太い根とそこから枝分かれした細い根からできています。この太い根と細い根をそれぞれ何といいますか。
太い根 主根　細い根 側根

(2) イネの根は，太い根がなく，たくさんの細い根からできています。このたくさんの細い根を何といいますか。
ひげ根

3 次の問いに答えましょう。

(1) ヒマワリやタンポポなどの葉脈のつくりを何といいますか。
網状脈

(2) イネやユリなどの葉脈のつくりを何といいますか。
平行脈

ステージ 7
種子をつくらない植物
種子でふえない植物を調べよう!

1 次の図の①～④にあてはまる語句を入れましょう。

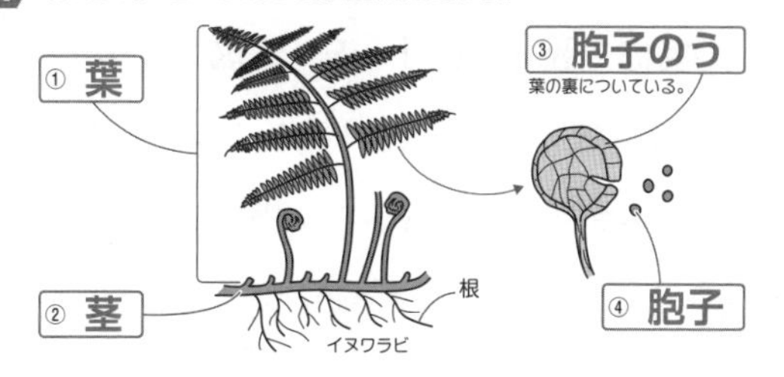

2 右の図は，スギゴケを表したものです。次の問いに答えましょう。

A
B

(1) 図のスギゴケは，雌株，雄株のどちらを表したものですか。
雌株

(2) 図のA，Bをそれぞれ何といいますか。
A 胞子のう　B 仮根

3 次の問いに答えましょう。

(1) シダ植物，コケ植物は何でなかまをふやしますか。
胞子

(2) シダ植物とコケ植物のうち，葉・茎・根の区別があるのはどちらですか。
シダ植物

(3) シダ植物とコケ植物のうち，仮根があるのはどちらですか。
コケ植物

ステージ 8
植物のなかま分け
植物をなかま分けしてみよう!

1 次の被子植物を分類した表の①～⑥にあてはまる語句を入れましょう。

	子葉の数	根	葉脈
① 双子葉類	② 2 枚	主根と側根	葉脈 ③ 網状脈
④ 単子葉類	1枚	⑤ ひげ根	葉脈 ⑥ 平行脈

2 次の問いに答えましょう。

(1) 種子植物のうち，子房がなく，胚珠がむき出しになっている植物のなかまを何といいますか。
裸子植物

(2) 種子植物のうち，胚珠が子房の中にある植物のなかまを何といいますか。
被子植物

(3) 双子葉類のうち，花弁が1枚1枚はなれている植物のなかまを何類といいますか。
離弁花類

(4) シダ植物とコケ植物のうち，葉・茎・根の区別があるのはどちらですか。
シダ植物

ステージ 9 セキツイ動物

背骨をもつ動物を分類しよう!

1 次の表の①～③にあてはまる語句を入れましょう。

	魚類	両生類	ハチュウ類	鳥類	ホニュウ類
生活する場所	① 水中	㋙水中 ㊊陸上	陸上		
呼吸器官	えら	㋙えら ㊊肺・皮ふ	② 肺		
子のうまれ方	③ 卵生 卵をうみ,卵からかえる。				胎生

2 次の問いに答えましょう。

(1) カエルやイモリのように,子はえらで呼吸をし,親になると肺や皮ふで呼吸する動物のなかまを何類といいますか。 **両生類**

(2) からだの表面が羽毛でおおわれている動物のなかまを何類といいますか。 **鳥類**

(3) ホニュウ類のように,母体内である程度育ってからうまれる子のうまれ方を何といいますか。 **胎生**

(4) クジラは,魚類,両生類,ハチュウ類,鳥類,ホニュウ類のうち,どのなかまに分けられますか。 **ホニュウ類**

ステージ 10 肉食動物と草食動物のからだ

ライオンとシマウマのちがいを見てみよう!

1 次の図の①～④にあてはまる語句を入れましょう。

① **肉食** 動物　② **草食** 動物

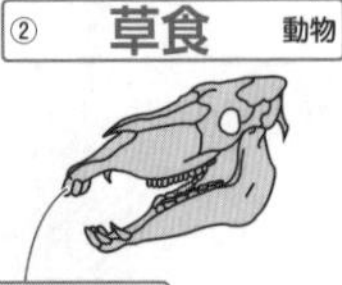

③ **犬歯** が大きく,臼歯がとがっていて,肉を食べるのに適している。

④ **門歯** と臼歯が発達していて,草を食べるのに適している。

2 次の問いに答えましょう。

(1) ライオンのように,ほかの動物を食べる動物を何といいますか。 **肉食動物**

(2) シマウマは,ほかの動物と植物のどちらを食べますか。 **植物**

(3) 肉食動物の目は,顔の正面についています。これにより,立体的に見える範囲は広くなりますか。せまくなりますか。 **広くなる。**

(4) 草食動物の目は,横向きについています。これにより,見渡すことができる範囲は広くなりますか。せまくなりますか。 **広くなる。**

(5) 草食動物では発達していませんが,肉食動物では,えものをとらえ,肉を引きさくために大きく発達している歯を何といいますか。 **犬歯**

ステージ 11 無セキツイ動物

背骨をもたない動物を分類しよう!

1 次の図の①～④にあてはまる語句を入れましょう。

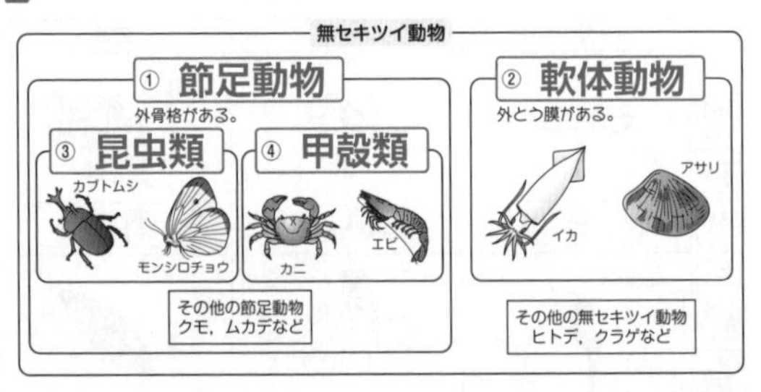

2 次の問いに答えましょう。

(1) 背骨をもたない動物をまとめて何動物といいますか。 **無セキツイ動物**

(2) 軟体動物がもつ,内臓をつつむ筋肉でできた膜を何といいますか。 **外とう膜**

3 次のア～オの動物について,あとの問いに答えましょう。

ア カニ　イ アサリ　ウ カブトムシ　エ イカ　オ エビ

(1) 軟体動物はどれですか。すべて選びましょう。 **イ,エ**

(2) 甲殻類はどれですか。すべて選びましょう。 **ア,オ**

確認テスト 1章

1 (1)A…おしべ　C…柱頭　D…子房
(2)名称…胚珠　図1…E　図2…X

解説 (2)受粉すると,子房は果実に,胚珠は種子になる。

2 (1)X…裸子植物　Y…双子葉類　(2)E

解説 (1)種子植物は,裸子植物と被子植物に分けられ,被子植物はさらに,双子葉類と単子葉類に分けられる。
(2)タンポポは,花弁がくっついている。

3 (1)A　(2)エ

解説 (1)Aはライオン,Bはシマウマの頭部の骨である。
(2)草食動物は発達したエの臼歯で草をすりつぶす。

4 (1)セキツイ動物　(2)A　(3)C
(4)D,E　(5)節足動物　(6)ウ

解説 (4)～(6)D,E,Gは無セキツイ動物で,D,Eは節足動物,Gは軟体動物である。

ステージ12 実験器具の使い方
ガスバーナーを使ってみよう!

1 次の図の①，②にあてはまる語句を入れましょう。

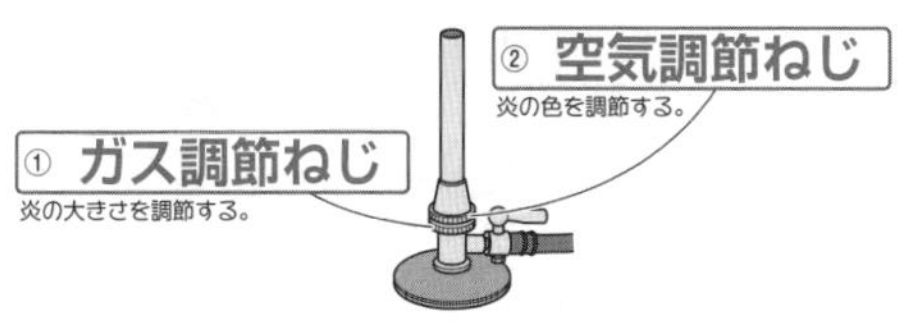

2 次のA～Eをガスバーナーに点火するときの正しい順に並べましょう。

A マッチに火をつける。
B ガスの元栓を開く。
C 空気調節ねじとガス調節ねじが閉まっていることを確かめる。
D ガス調節ねじをおさえ，空気調節ねじを少しずつ開いて，炎の色を調節する。
E ガス調節ねじを少しずつ開いて点火する。

C → B → A → E → D

3 ガスバーナーに点火したところ，炎の色がオレンジ色になりました。次の問いに答えましょう。

(1) 炎の色は何色にすればよいですか。　**青色**

(2) 炎の大きさは変えずに，(1)の色の炎にするにはどうすればよいですか。次のア～エから選びましょう。　**ウ**
空気調節ねじを開く。

ア Aのねじをおさえて，BのねじをXの向きに回す。
イ Aのねじをおさえて，BのねじをYの向きに回す。
ウ Bのねじをおさえて，AのねじをXの向きに回す。
エ Bのねじをおさえて，AのねじをYの向きに回す。

ステージ13 有機物と無機物
ものを燃やして区別してみよう!

1 次の図の①，②にあてはまる語句を入れましょう。

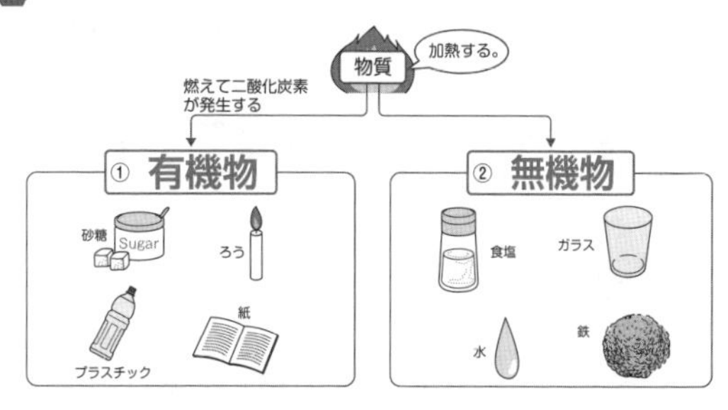

2 次の問いに答えましょう。

(1) ガラスでできたコップについて，コップのように見た目で区別したもののことを物体というのに対して，ガラスのように材料で区別したもののことを何といいますか。　**物質**

(2) 有機物に炭素はふくまれていますか。　**ふくまれている。**

(3) 有機物以外の物質を何といいますか。　**無機物**

(4) 有機物が燃えたときに発生する気体は何ですか。　**二酸化炭素**

(5) 有機物を次のア～カからすべて選びましょう。　**イ，ウ，カ**

ア ガラス　イ ろう　ウ プラスチック
エ 水　オ 鉄　カ 砂糖

ステージ14 金属と非金属
金属の性質をおさえよう!

1 次の図の①～④にあてはまる語句を入れましょう。

●金属の性質

① **電気** をよく通す。　② **熱** をよく伝える。

みがくと ③ **光る**。　金属光沢が出る。
たたくと広がり，引っぱると ④ **のびる**。

2 次の問いに答えましょう。

(1) 金属を次のア～カからすべて選びましょう。　**ア，エ，カ**

ア アルミニウム　イ ゴム　ウ 木
エ 銀　オ プラスチック　カ 金

(2) 金属をみがくと出るかがやきのことを何といいますか。　**金属光沢**

(3) 金属以外の物質を何といいますか。　**非金属**

(4) 次のア～オのうち，金属に共通する性質をすべて選びましょう。　**イ，ウ**

ア 電気を通さない。　イ みがくと光る。　ウ 熱をよく伝える。
エ 磁石につく。　オ たたくと割れる。

ステージ15 密度
質量のちがいを調べよう!

1 次の式の①～⑥にあてはまる語句を入れましょう。

●密度 $[g/cm^3]$ = ① **質量** $[g]$ ／ ② **体積** $[cm^3]$

●質量 $[g]$ = ③ **密度** $[g/cm^3]$ × ④ **体積** $[cm^3]$

●体積 $[cm^3]$ = ⑤ **質量** $[g]$ ／ ⑥ **密度** $[g/cm^3]$

2 次の問いに答えましょう。

(1) 上皿てんびんではかることのできる物質の量のことを何といいますか。　**質量**

(2) $1\,cm^3$あたりの(1)のことを何といいますか。　**密度**

(3) (2)は物質によって決まっていますか，決まっていませんか。　**決まっている。**

3 次の問いに答えましょう。

(1) 質量が40gで，体積が$8\,cm^3$の物体の密度は何g/cm^3ですか。　**$5\,g/cm^3$**

$$\frac{40g}{8\,cm^3} = 5\,g/cm^3$$

(2) 体積が$30cm^3$で，密度が$6\,g/cm^3$の物体の質量は何gですか。　**180 g**

$$6\,g/cm^3 \times 30cm^3 = 180g$$

ステージ 16

酸素と二酸化炭素

酸素と二酸化炭素を発生させよう!

1 次の図の①～④にあてはまる語句を下の[　　]の中から選びましょう。

① オキシドール

③ うすい塩酸

② 二酸化マンガン

④ 石灰石

石灰石　オキシドール　うすい塩酸　二酸化マンガン

2 次の問いに答えましょう。

(1) 次の**ア**～**ウ**のような気体の集め方をそれぞれ何といいますか。

ア

イ
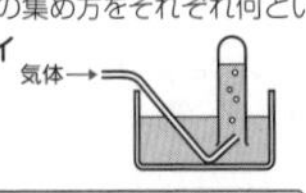

ウ
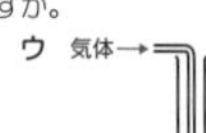

上方置換法　水上置換法　下方置換法

(2) 水にとけやすく空気より密度が小さい気体の集め方を，**ア**～**ウ**から選びましょう。

ア

(3) ものを燃やすはたらきがある気体は，酸素と二酸化炭素のどちらですか。

酸素

(4) 二酸化炭素を石灰水に通すと，石灰水はどうなりますか。

白くにごる。

ステージ 17

水素とアンモニア

水素とアンモニアを発生させよう!

1 次の図の①，②にあてはまる語句を入れましょう。

① 水素 が発生。

② アンモニア が発生。

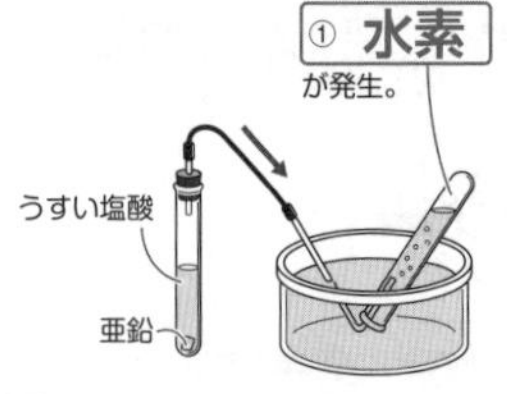

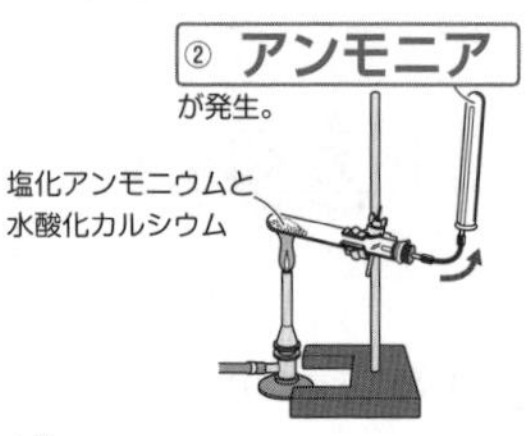

2 水素について，次の問いに答えましょう。

(1) 水素を発生させるには，亜鉛に何を加えればよいですか。

うすい塩酸

(2) 水素は水にとけやすいですか，とけにくいですか。

とけにくい。

(3) 発生させた水素は，何という集め方で集めるのがもっとも適していますか。

水上置換法

3 アンモニアについて，次の問いに答えましょう。

(1) アンモニアは空気より密度が小さいですか，大きいですか。

小さい。

(2) 発生させたアンモニアは，何という集め方で集めますか。

上方置換法

(3) アンモニアがとけてできた水溶液は，酸性とアルカリ性のどちらを示しますか。

アルカリ性

ステージ 18

いろいろな気体の性質

いろいろな気体の性質を覚えよう!

1 次の表の①～④にあてはまる語句を入れましょう。

気体	① 酸素	二酸化炭素	② アンモニア
におい	なし	なし	刺激臭
空気と比べたときの密度	少し大きい	③ 大きい	小さい
水へのとけやすさ	とけにくい	少しとける	非常によくとける
水溶液の性質	－	④ 酸性	アルカリ性
その他の性質	ものを燃やすはたらきがある。	石灰水を白くにごらせる。	有毒である。

2 次の**ア**～**オ**の気体について，あとの問いに答えましょう。

ア アンモニア　**イ** 窒素　**ウ** 水素
エ 二酸化炭素　**オ** 酸素

(1) においがある気体を，**ア**～**オ**から選びましょう。

ア

(2) 水にとかしたときに水溶液が酸性を示す気体を，**ア**～**オ**から選びましょう。

エ

(3) 水上置換法で集めることができる気体を，**ア**～**オ**からすべて選びましょう。

イ，ウ，エ，オ

(4) ものを燃やすはたらきがある気体を，**ア**～**オ**から選びましょう。

オ

ステージ 19

物質のとけ方

ものが水にとけるようすを調べよう!

1 次の図の①～③にあてはまる語句を入れましょう。

① 溶質　とけているもの。

② 溶媒　とかす液体。

③ 溶液　①がとけた液全体。

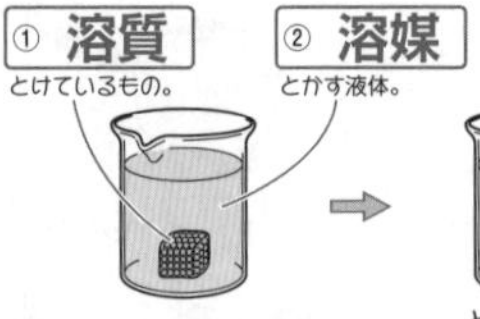

とけ始める。

粒子が均一に広がる。

2 砂糖を水にとかして水溶液をつくりました。次の問いに答えましょう。

(1) この水溶液の溶媒は何ですか。

水

(2) この水溶液の溶質は何ですか。

砂糖

(3) 水溶液の濃さはどうなっていますか。次の**ア**～**エ**から選びましょう。

エ

ア 上のほうが濃くなっている。　**イ** 下のほうが濃くなっている。
ウ 真ん中のほうが濃くなっている。　**エ** どの部分でも同じ濃さになっている。

(4) 水溶液にとけた砂糖の粒子のようすとして正しいものを，次の**ア**～**エ**から選びましょう。

エ

ア　イ
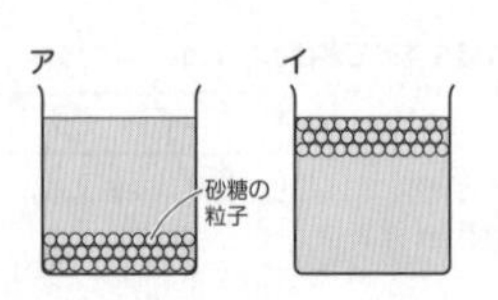

ウ
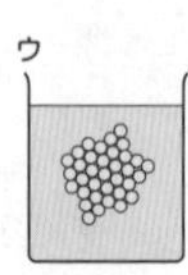

エ
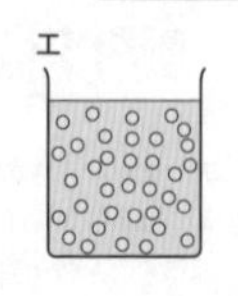

ステージ 20 水溶液の濃度

水溶液の濃さを求めてみよう!

1 次の式の①〜③にあてはまる語句を入れましょう。

●質量パーセント濃度〔%〕＝ ① 溶質の質量〔g〕 ／ ② 溶液の質量〔g〕 ×100

＝ 溶質の質量〔g〕 ／ (溶質の質量〔g〕＋ ③ 溶媒の質量〔g〕) ×100

2 次の問いに答えましょう。

(1) 20gの食塩を水にとかして，100gの食塩水をつくりました。この食塩水の質量パーセント濃度は何%ですか。

20%

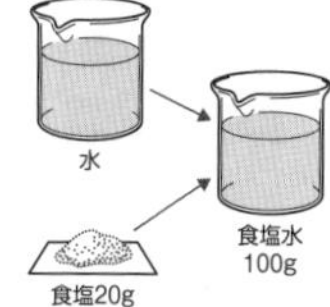

$\frac{20g}{100g} \times 100 = 20$

(2) 150gの水に50gの砂糖をとかして砂糖水をつくりました。この砂糖水の質量パーセント濃度は何%ですか。

50g ＋ 150g ＝ 200g

$\frac{50g}{200g} \times 100 = 25$

25%

(3) 質量パーセント濃度が5%の食塩水が100gあります。この食塩水にとけている食塩の質量は何gですか。

$100g \times \frac{5}{100} = 5g$

5g

ステージ 21 溶解度

水にとける量を調べよう!

1 次の図の①，②にあてはまる語句を入れましょう。

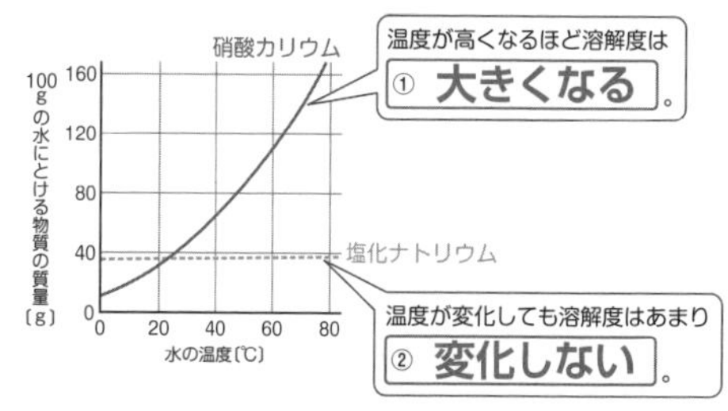

温度が高くなるほど溶解度は ① 大きくなる。

温度が変化しても溶解度はあまり ② 変化しない。

2 右の図は，水の温度と100gの水にとける物質の質量との関係をグラフに表したものです。次の問いに答えましょう。

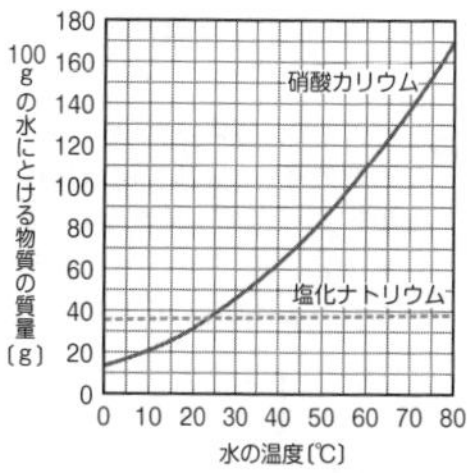

(1) 右の図のようなグラフを何といいますか。

溶解度曲線

(2) 物質がこれ以上とけなくなった状態の水溶液を何といいますか。

飽和水溶液

(3) 硝酸カリウムは，60℃の水100gにおよそ何gまでとかすことができますか。

110g

(4) 温度が変わっても，100gの水にとける物質の質量があまり変化しないのは，硝酸カリウムと塩化ナトリウムのどちらですか。

塩化ナトリウム

ステージ 22 とけた物質のとり出し方

水にとけたものをとり出してみよう!

1 次の①〜③にあてはまる数を入れましょう。

60℃の水100gに硝酸カリウムをとかしてつくった飽和水溶液を30℃まで冷やして結晶をとり出します。

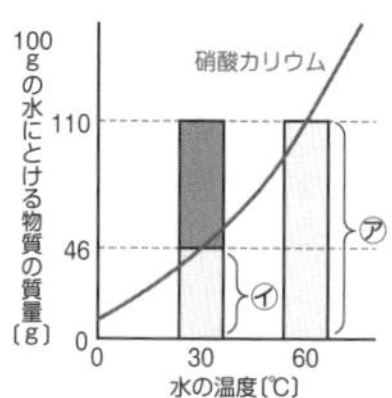

㋐60℃のときにとけている硝酸カリウムの質量 ① 110 g

㋑30℃のときにとけている硝酸カリウムの質量 ② 46 g

とり出せる結晶の質量は，①−②より，③ 64 g

2 次の表は，いろいろな温度の水100gにとかすことのできる硝酸カリウムと塩化ナトリウムの質量をまとめたものです。あとの問いに答えましょう。

水の温度〔℃〕	20	40	60	80
硝酸カリウム〔g〕	31.6	63.9	109.2	168.8
塩化ナトリウム〔g〕	35.8	36.3	37.1	38.0

(1) 80℃の水100gに硝酸カリウムをとかしてつくった飽和水溶液を，20℃まで冷やしました。このとき，出てくる結晶は何gですか。

168.8g − 31.6g ＝ 137.2g

137.2g

(2) 塩化ナトリウムをとかしてつくった飽和水溶液は，水の温度を下げても結晶があまり出てきませんでした。塩化ナトリウムの水溶液から結晶をとり出すには，どうすればよいですか。

水を蒸発させる。

(3) (2)の方法や水溶液の温度を下げることで，一度水にとかした物質を再び結晶としてとり出すことを何といいますか。

再結晶

ステージ 23 物質のすがた

もののすがたを調べよう!

1 次の図の①〜③にあてはまる物質の状態を表す語句を入れましょう。

粒子が規則正しく並んでいる。 ⇄(加熱／冷却) 粒子の間隔が広がる。 ⇄(加熱／冷却) 粒子が自由に動き回る。

① 固体　② 液体　③ 気体

2 次の問いに答えましょう。

(1) 物質が冷やされたりあたためられたりして，固体，液体，気体とすがたを変えることを何といいますか。

状態変化

(2) 液体のろうを冷やして固体にしました。ろうの質量は，変わりますか，変わりませんか。

変わらない。

(3) 固体のろうをあたためて液体にしました。ろうの体積は，大きくなりますか，小さくなりますか。

大きくなる。

(4) 固体の水(氷)をあたためて液体(水)にしました。水の体積は，大きくなりますか，小さくなりますか。

小さくなる。

ステージ 24

状態変化と温度

すがたが変わる温度を調べよう!

1 次の図の①，②にあてはまる語句，③～⑤には状態を表す語句を入れましょう。

●水の温度の変化と状態変化

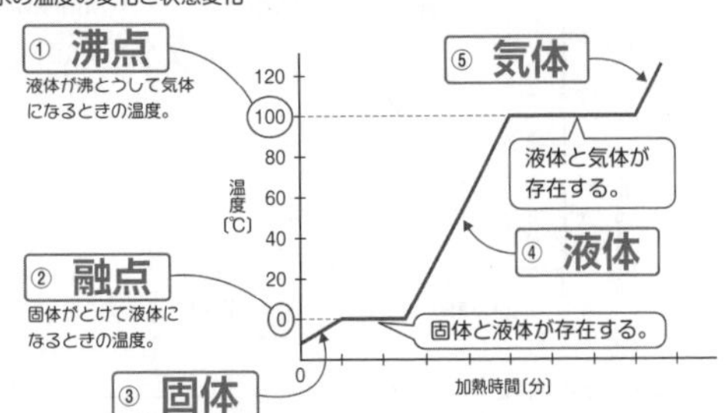

2 右の図は，固体の水（氷）を加熱したときの時間と温度の関係を表したものです。次の問いに答えましょう。

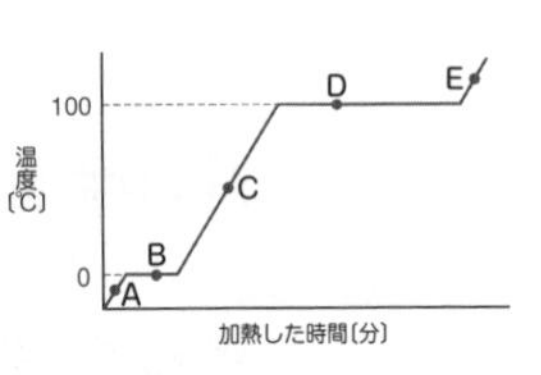

(1) A～Eから，気体の状態の水が存在しているものを，すべて選びましょう。

D，E

(2) 純粋な物質では，沸点や融点は，物質によって決まっていますか，決まっていませんか。

決まっている。

(3) 混合物では，沸点や融点は，物質によって決まっていますか，決まっていませんか。

決まっていない。

ステージ 25

混合物の分け方

混ざった液体を分けてみよう!

1 水とエタノールの混合物を図のような装置を用いて加熱し，出てきた気体を3本の試験管に集めました。あとの問いに答えましょう。

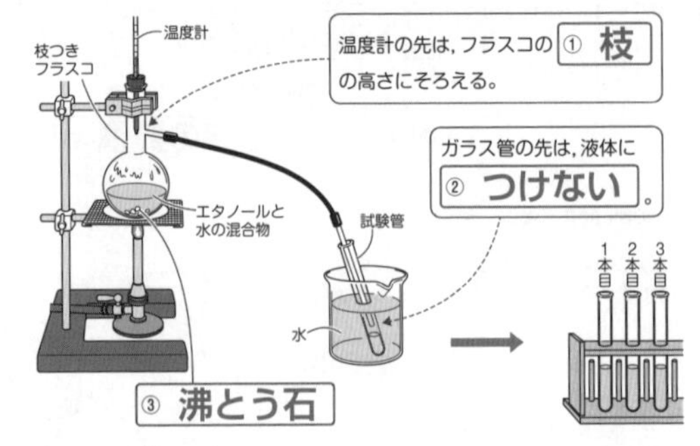

(1) 上の図の①～③にあてはまる語句を入れましょう。

(2) 1本目の試験管に集めた液体にマッチの火を近づけると，液体は燃えますか，燃えませんか。

燃える。

(3) 1本目の試験管に多くふくまれていた液体は，水とエタノールのどちらですか。

エタノール

(4) 液体を加熱して，出てくる気体を冷やして再び液体としてとり出すことを何といいますか。

蒸留

確認テスト

1 (1)B，C　(2)有機物　(3)D

解説 (2)有機物を加熱すると，燃えて二酸化炭素が発生する。

2 (1)酸素　(2)イ　(3)水上置換法
(4)C　(5)B

解説 (5)二酸化炭素をとかした水溶液は酸性を示す。

3 (1)溶媒　(2)15%　(3)18.4g

解説 (2)$\frac{15\text{g}}{15\text{g}+85\text{g}}\times 100=15$より，15%

(3)20℃の水100gにとかすことのできる硝酸カリウムの質量は31.6gだから，
$50\text{g}-31.6\text{g}=18.4\text{g}$

4 (1)X…沸点　Y…融点　(2)D　(3)イ

解説 (3)氷（固体の水）が水（液体）に変化すると，体積は小さくなる。

ステージ 26

光の反射

光のはね返り方を調べよう!

1 次の図の①〜③にあてはまる語句や記号を入れましょう。

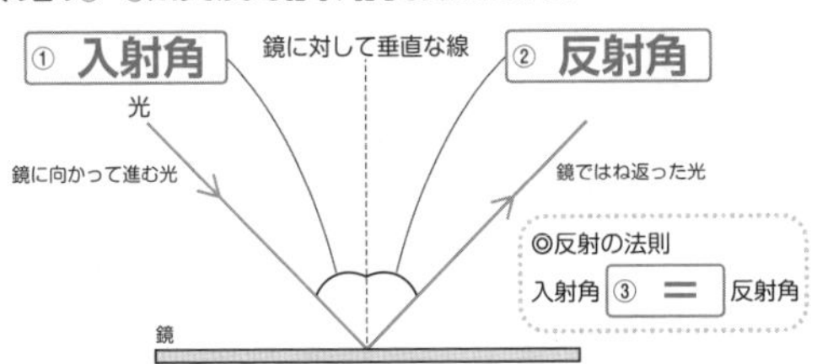

2 次の問いに答えましょう。

(1) 太陽や電灯のように，みずから光を出しているものを何といいますか。

光源

(2) 光が物体に当たってはね返ることを何といいますか。

(光の)反射

3 次の問いに答えましょう。

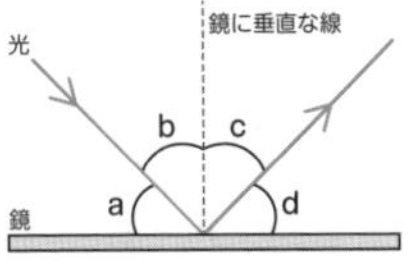

(1) 右の図で，反射角を表しているのは，a〜d のどれですか。記号で答えましょう。

c

光　鏡に垂直な線　a　b　c　d　鏡

(2) 入射角と反射角の関係を，次のア〜ウから選びましょう。

ウ

ア　入射角＞反射角　　イ　入射角＜反射角　　ウ　入射角＝反射角

(3) (2)のような関係を何といいますか。

反射の法則

ステージ 27

鏡にうつった像

鏡にうつって見えるものを調べよう!

1 次の図の①にあてはまる語句を入れましょう。また，図中の-------をなぞりましょう。

●鏡にうつった像の位置と光の進み方の作図

❶

鏡

鏡に対して物体と ① **対称** の位置に像をかく。

❷

鏡

像と目を直線で結ぶ。

❸

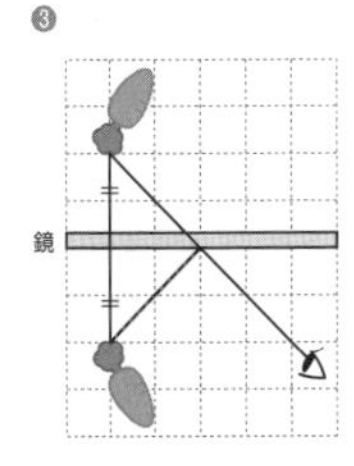

❷の直線と鏡との交点と物体を直線で結ぶ。

2 次の問いに答えましょう。

(1) 物体を鏡にうつしたとき，鏡のおくに見える物体を何といいますか。

像

(2) 右の図の位置に物体があるとき，鏡にうつって見える像の位置に・をかきましょう。

(3) 右の図の位置に物体があるとき，物体から出た光が目にとどくまでの光の道すじを作図しましょう。

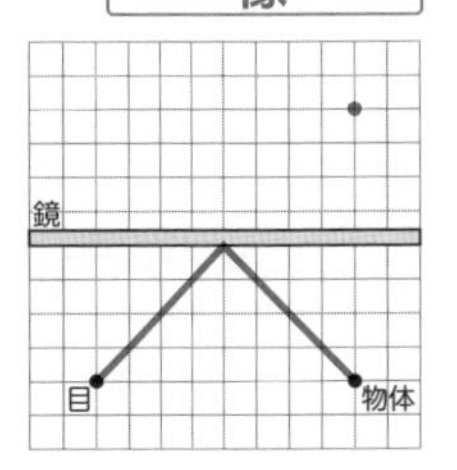

ステージ 28

光の屈折

光の曲がり方をおさえよう!

1 次の図の①〜④にあてはまる語句や，＝，＞，＜のどれかの記号を入れましょう。

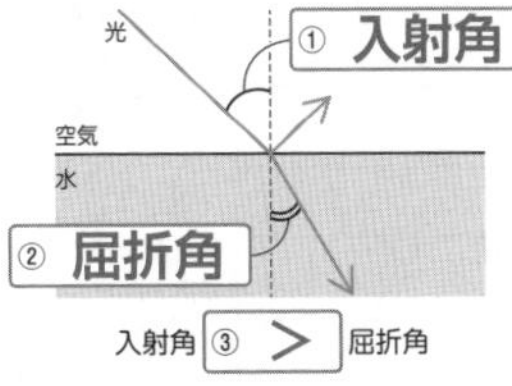

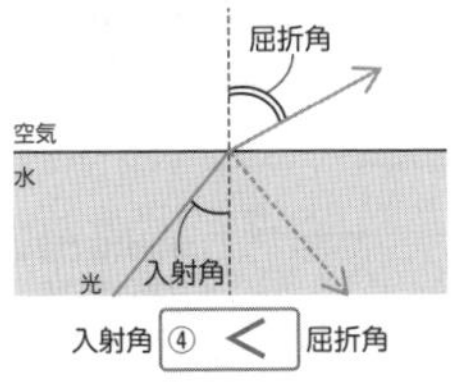

2 光が空気中から水中へ進むときのようすについて，次の問いに答えましょう。

(1) 光はどのように進みますか。図のア〜エから選びましょう。

イ

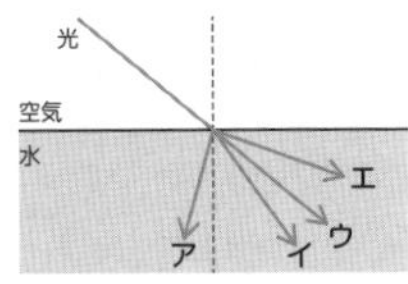

(2) 光が空気中から水中へ進むとき，入射角と屈折角ではどちらが大きいですか。

入射角

3 光が水中から空気中へ進むときのようすについて，次の問いに答えましょう。

(1) 光はどのように進みますか。図のア〜エから選びましょう。

エ

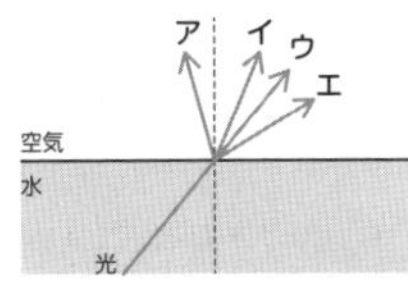

(2) 光が水中から空気中へ進むとき，入射角と屈折角ではどちらが大きいですか。

屈折角

(3) 入射角がある角度以上になると，光は境界面ですべて反射します。この現象を何といいますか。

全反射

ステージ 29

凸レンズを通る光

凸レンズを通る光の進み方を調べよう!

1 次の図の①〜③にあてはまる語句を入れましょう。

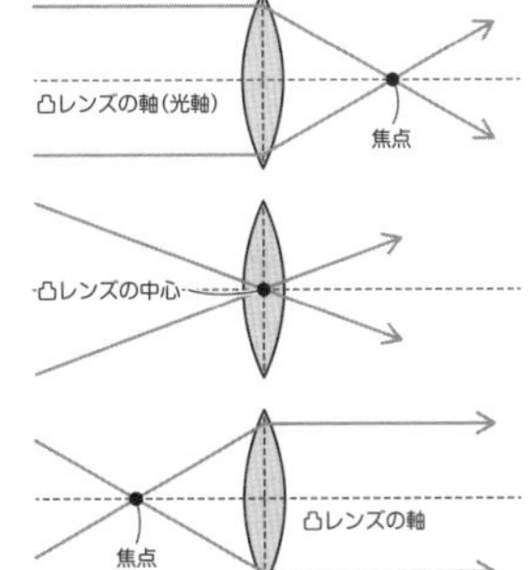

凸レンズの軸（光軸）に平行な光は，凸レンズを通ったあと，① **焦点** を通る。

凸レンズの中心を通る光は，凸レンズで屈折せずに ② **直進** する。

焦点を通る光は，凸レンズを通ったあと，凸レンズの軸に ③ **平行** に進む。

2 次の問いに答えましょう。

(1) 凸レンズの軸に平行な光は，凸レンズで屈折して1点に集まります。この点を何といいますか。

焦点

(2) 凸レンズの中心から(1)までの距離を何といいますか。

焦点距離

(3) 次の①〜③の凸レンズを通る光の道すじをかきましょう。

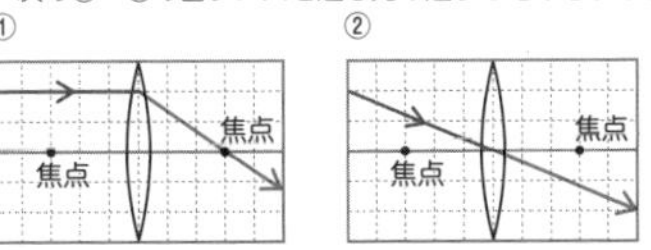

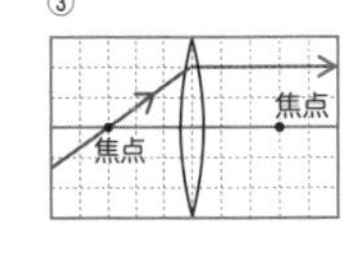

ステージ 30

実像

スクリーンにできる像を見てみよう!

1 次の図の①，②にあてはまる語句を入れましょう。また，物体を凸レンズから遠ざけたときの光の進み方と像を作図しましょう。

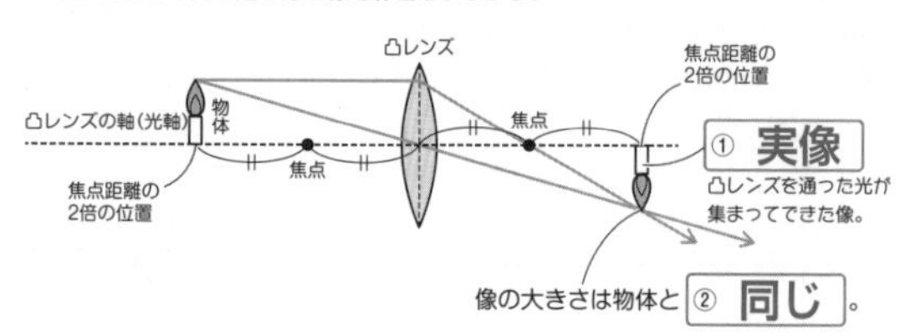

像の大きさは物体と ② 同じ 。

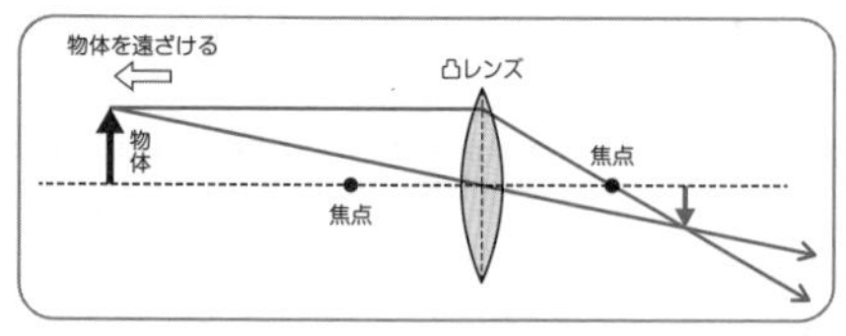

2 次の問いに答えましょう。

(1) 物体が焦点の外側にあるときにできる，スクリーンにうつる像を何といいますか。

実像

(2) (1)の像は，物体と上下左右が同じ向きですか，逆向きですか。

逆向き

(3) 物体を焦点の外側から凸レンズに近づけていったとき，(1)の像の大きさは大きくなりますか，小さくなりますか。

大きくなる。

ステージ 31

虚像

凸レンズを通して像を見てみよう!

1 次の図の①，②にあてはまる語句を入れましょう。

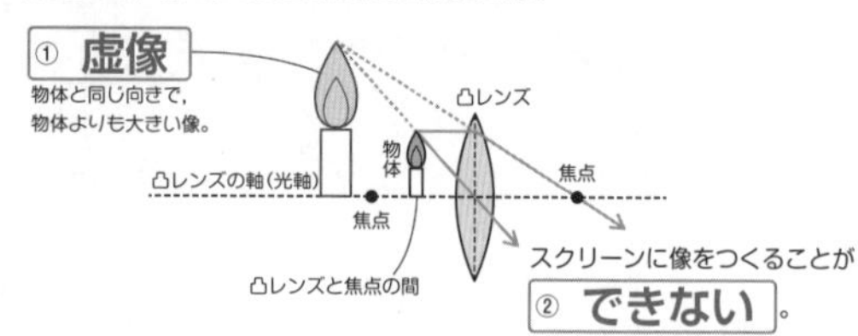

2 次の問いに答えましょう。

(1) 物体を凸レンズと焦点の間に置いたとき，スクリーンに像をつくることができますか。

できない。

(2) 物体を凸レンズと焦点の間に置いたとき，物体の反対側から凸レンズを通して見える像を何といいますか。

虚像

(3) (2)の像の大きさは，物体と比べて大きいですか，小さいですか。

大きい。

(4) (2)の像は，物体と上下左右が同じ向きですか，逆向きですか。

同じ向き

(5) 物体を凸レンズの焦点上に置いたとき，像を見ることはできますか。

できない。

ステージ 32

音の伝わり方と速さ

音が伝わるようすをおさえよう!

1 次の式の①にあてはまる語句を入れましょう。

●音源までの距離〔m〕＝音の速さ〔m/s〕×音が伝わるまでの ① 時間 〔s〕

2 次の問いに答えましょう。

(1) 音を出しているもののことを何といいますか。

音源（発音体）

(2) 音は真空中を伝わりますか，伝わりませんか。

伝わらない。

3 次の問いに答えましょう。

(1) ある場所で花火を見ていると，打ち上げられた花火が開くのが見えてから3秒後に花火の音が聞こえました。音の速さを340m/sとすると，この場所から花火が開いた場所までの距離は何mですか。

340m/s × 3s ＝ 1020m

1020m

(2) Aさんと Bさんがはなれて立ち，Aさんがたいこをたたいてから，0.5秒後にBさんにたいこの音が聞こえました。音の速さを340m/sとすると，AさんとBさんの間の距離は何mですか。

340m/s × 0.5s ＝ 170m

170m

ステージ 33

音の大小と高低

音の大きさと高さについて調べよう!

1 次の図の①～④にあてはまる音の大きさや高さに関する語句を入れましょう。

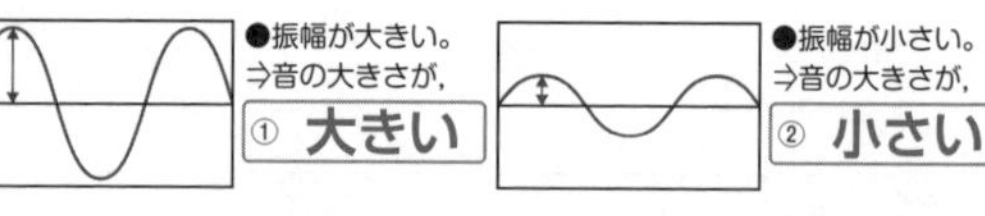

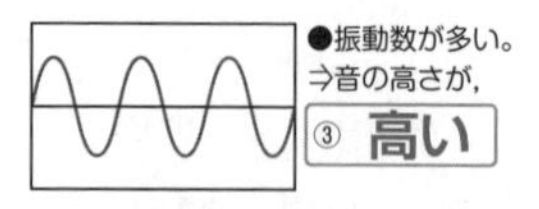

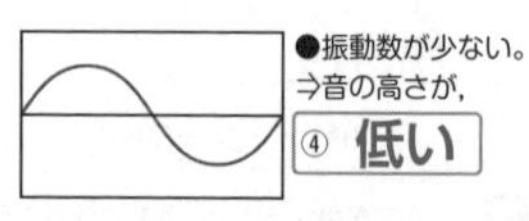

2 右の図は，音の振動のようすをコンピュータで表したものです。次の問いに答えましょう。

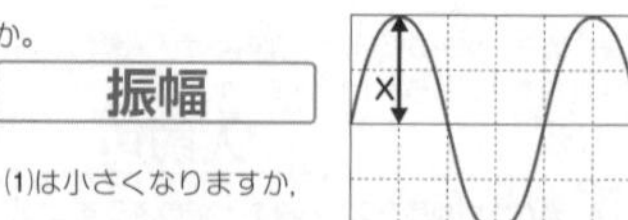

(1) 振動の幅Xを何といいますか。

振幅

(2) 音の大きさが小さいほど，(1)は小さくなりますか，大きくなりますか。

小さくなる。

(3) 1秒間に振動する回数を何といいますか。

振動数

(4) (3)を表す単位は何ですか。記号を答えましょう。

Hz

(5) 音の高さが低いほど，(3)は少なくなりますか，多くなりますか。

少なくなる。

ステージ 34

いろいろな力

いろいろな力を覚えよう!

1 次の図の①～④にあてはまる語句を入れましょう。

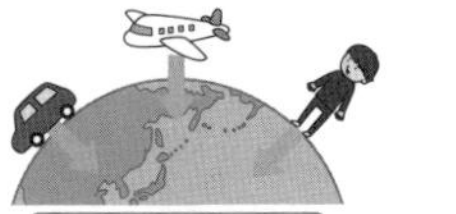

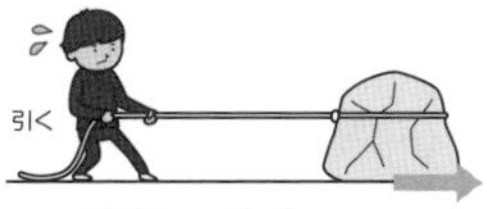

① 重力
地球が物体を地球の中心に向かって引っぱる力。

② 摩擦力
物体の動きをさまたげる力。

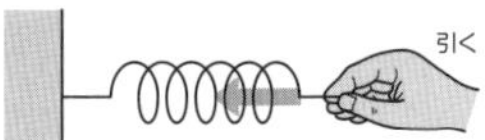

③ 弾性の力 「弾性力」でも正解。
変形した物体がもとにもどろうとする力。

④ 磁石の力 「磁力」でも正解。
N極とS極が引き合ったり極どうしが反発し合ったりする力。

2 次の(1)～(3)では，力はどのようなはたらきをしていますか。あとのア～ウからそれぞれ選びましょう。

(1)

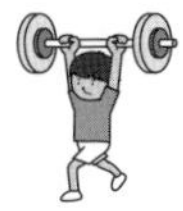

ウ

(2)

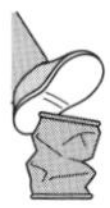

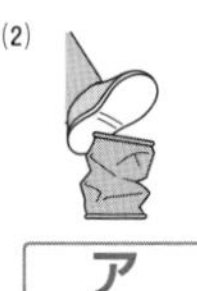

ア

(3)

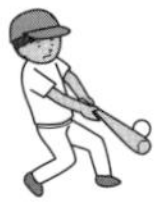

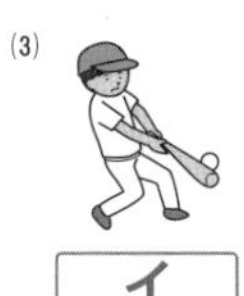

イ

ア　物体の形を変える。
イ　物体の運動のようすを変える。
ウ　物体を支える。

ステージ 35

力の大きさとばねののび

ばねののびを調べよう!

1 力の大きさとばねののびの関係を調べるために，次のような実験を行いました。あとの問いに答えましょう。ただし，100gの物体にはたらく重力の大きさは1Nとします。

〔実験〕
①右の図のような装置を組み立て，ばねに10gのおもりを1個つるして，ばねののびを測定した。
②おもりの数を2個，3個，4個，5個にして，それぞれについてばねののびを測定した。表は，結果をまとめたものである。

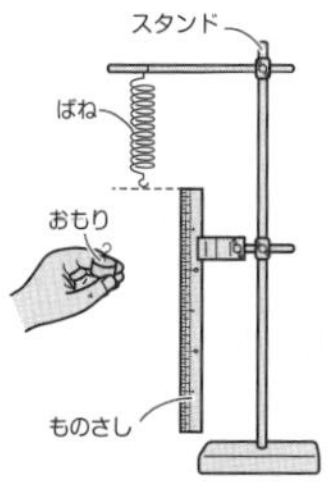

おもりの数〔個〕	1	2	3	4	5
力の大きさ〔N〕	0.1	0.2	0.3	0.4	0.5
ばねののび〔cm〕	0.6	1.2	1.8	2.4	3.0

(1) 結果の表を，右のグラフに表しましょう。

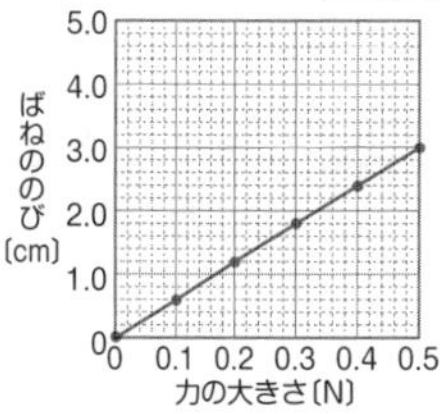

(2) ばねに加える力の大きさとばねののびにはどのような関係がありますか。

比例(の関係)

(3) (2)のような，ばねに加える力の大きさとばねののびの関係を何といいますか。

フックの法則

(4) この実験で，ばねにつるすおもりの数を10個にすると，ばねののびは何cmになりますか。

合計 100g なので重力は 1.0N。　6.0cm

$$0.6\text{cm} \times \frac{1.0\text{N}}{0.1\text{N}} = 6.0\text{cm}$$

ステージ 36

重さと質量，力の表し方

力を図で表してみよう!

1 力について表した次の図の①～③にそれぞれ何を表したものか語句を入れましょう。

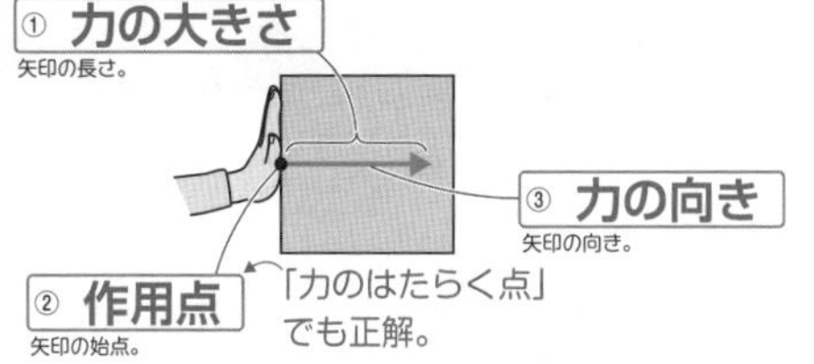

① 力の大きさ
矢印の長さ。

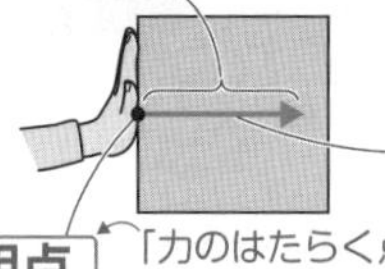

③ 力の向き
矢印の向き。

② 作用点 「力のはたらく点」でも正解。
矢印の始点。

2 次の問いに答えましょう。

(1) 物体そのものの量のことを何といいますか。　質量

(2) (1)は場所によって変化しますか。　変化しない。

(3) 月面上での重力の大きさは，地球上での重力の大きさの $\frac{1}{6}$ になるとします。地球上である物体の重さが12Nのとき，月面上では何Nになりますか。

$$12\text{N} \times \frac{1}{6} = 2\text{N}$$

2N

3 次の(1)，(2)の力を表す矢印を，図の・を作用点，1目盛りを1Nとしてかきましょう。ただし，100gの物体にはたらく重力の大きさを1Nとします。

(1) 物体を3Nの大きさで右向きにおす力

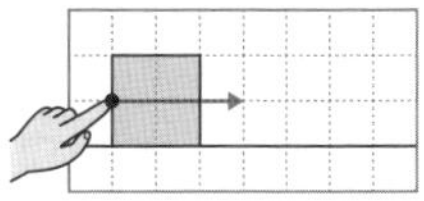

(2) 200gの物体にはたらく重力

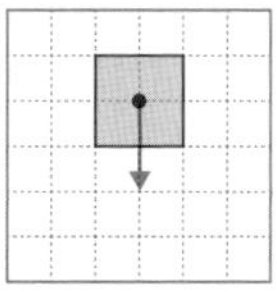

ステージ 37

2力のつり合い

2力のつり合いを調べよう!

1 2力のつり合いについて表した次の図の①～③にそれぞれ2力の関係を入れましょう。

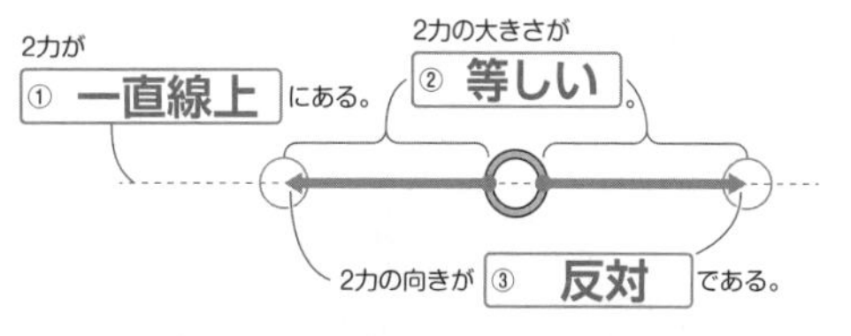

2力が ① 一直線上 にある。

2力の大きさが ② 等しい。

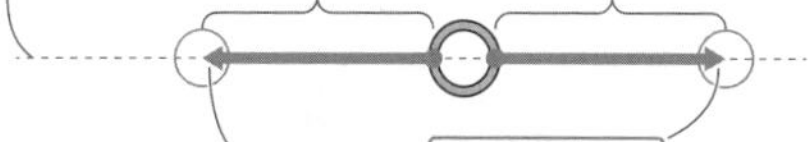

2力の向きが ③ 反対 である。

2 右の図は，物体を床の上に置いたときのようすで，矢印A，Bは，物体にはたらく2つの力を表したものです。次の問いに答えましょう。

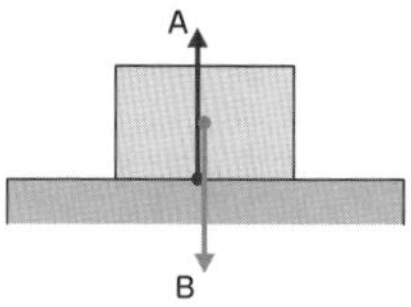

(1) 図のように，物体に2つの力がはたらいていて，その物体が動かないとき，物体にはたらく2つの力はどうなっているといいますか。

つり合っている。

(2) Aの力を何といいますか。　垂直抗力

(3) Bの力を何といいますか。　重力

(4) Aの力とBの力の位置関係はどのようになっていますか。

一直線上にある。

(5) Aの力の大きさが4Nのとき，Bの力の大きさは何Nですか。

4N

確認テスト　3章

1 (1)40°　(2)ウ　(3)全反射

解説　(1)入射角＝反射角となる。
(2)ガラス中（水中）から空気中に向かって光が進むとき，入射角＜屈折角となる。

2 (1)ウ　(2)B　(3)A

解説　(1)〜(3)振幅が大きいほど音の大きさは大きく，振動数が多いほど音の高さは高い。

3 (1)フックの法則　(2)12cm

解説　(2)ばねにはたらく力の大きさが1.0 Nのとき，ばねののびは2 cmだから，ばねののびは，

$$2\,\text{cm} \times \frac{6.0\text{N}}{1.0\text{N}} = 12\text{cm}$$

4 (1)摩擦力　(2)3.5 N　(3)つり合っている。

解説　(1)〜(3)力を加えた物体が動かないとき，加えた力と摩擦力がつり合っていて，加えた力と摩擦力の大きさは等しい。

ステージ38　火山の噴出物
火山から出てくるものを調べよう！

1 次の図の①〜④にあてはまる語句を入れましょう。

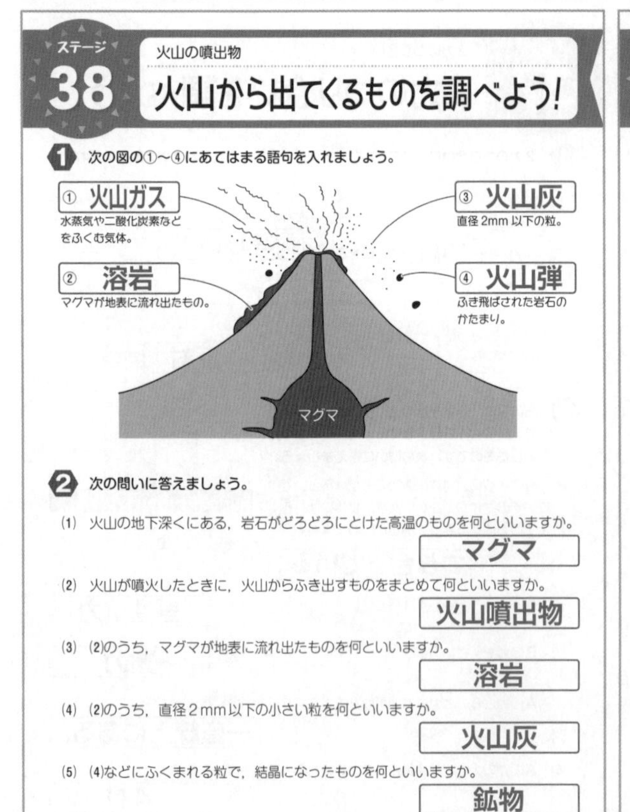

2 次の問いに答えましょう。

(1) 火山の地下深くにある，岩石がどろどろにとけた高温のものを何といいますか。　**マグマ**

(2) 火山が噴火したときに，火山からふき出すものをまとめて何といいますか。　**火山噴出物**

(3) (2)のうち，マグマが地表に流れ出たものを何といいますか。　**溶岩**

(4) (2)のうち，直径2mm以下の小さい粒を何といいますか。　**火山灰**

(5) (4)などにふくまれる粒で，結晶になったものを何といいますか。　**鉱物**

ステージ39　火山の形
火山の形のちがいをおさえよう！

1 次の表の①〜⑥にあてはまる語句を入れましょう。

火山の形	盛り上がった形	円すいの形	傾斜のゆるやかな形
マグマのねばりけ	① 強い	←→	② 弱い
火山噴出物の色	③ 白っぽい	←→	④ 黒っぽい
噴火のようす	⑤ 激しい	←→	⑥ おだやか
例	雲仙普賢岳 昭和新山	桜島 浅間山	マウナロア キラウエア

①は「大きい」，②は「小さい」でも正解。

2 次のA〜Cの形の火山について，あとの問いに答えましょう。

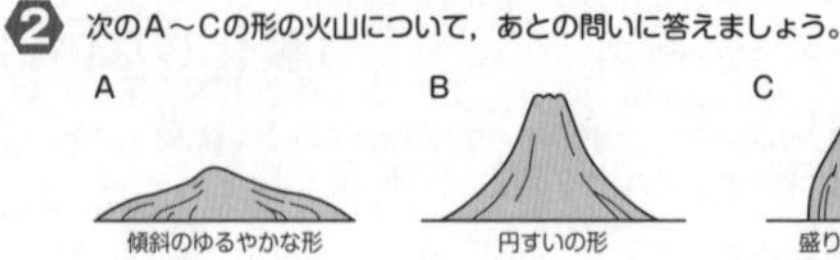

(1) A〜Cのうち，マグマのねばりけがもっとも強いものはどれですか。　**C**

(2) A〜Cのうち，火山噴出物の色がもっとも黒っぽいものはどれですか。　**A**

(3) Bの形をした火山を，次のア〜エから選びましょう。　**ウ**

ア　マウナロア　　イ　雲仙普賢岳
ウ　桜島　　エ　昭和新山

ステージ 40

火成岩

火成岩をなかま分けしてみよう!

1 次の図の①～④にあてはまる語句を入れましょう。

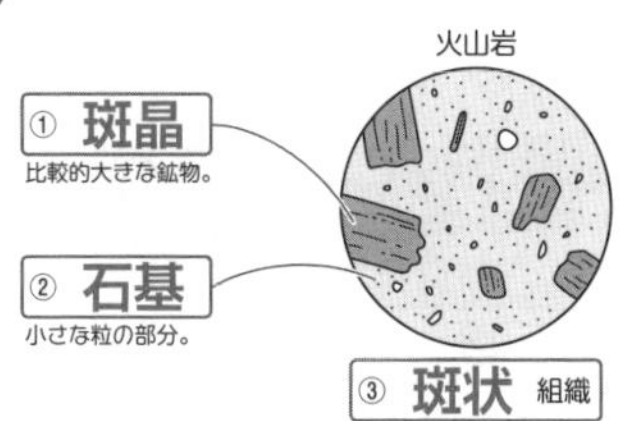

2 次の問いに答えましょう。

(1) マグマが冷え固まってできた岩石を何といいますか。 **火成岩**

(2) (1)のうち，マグマが地表や地表付近で急に冷え固まってできた岩石を何といいますか。 **火山岩**

(3) (1)のうち，マグマが地下深くでゆっくり冷え固まってできた岩石を何といいますか。 **深成岩**

3 A，Bの岩石について，次の問いに答えましょう。

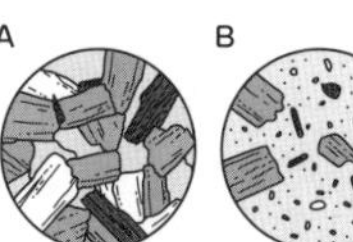

(1) Aのようなつくりをした火成岩を何といいますか。 **深成岩**

(2) Bのような火成岩に見られるつくりを何といいますか。 **斑状組織**

ステージ 41

鉱物

火成岩にふくまれるものを調べよう!

1 次の表の①～⑥にあてはまる語句を入れましょう。

火山岩（斑状組織）	① 玄武岩	② 安山岩	③ 流紋岩
深成岩（等粒状組織）	④ 斑れい岩	⑤ せん緑岩	⑥ 花こう岩
岩石の色	黒っぽい ◀		▶ 白っぽい

2 次の問いに答えましょう。

(1) 鉱物のうち，白っぽい鉱物を何といいますか。 **無色鉱物**

(2) 次のア～カのうち，(1)にふくまれるものをすべて選びましょう。 **ア，オ**

ア セキエイ　イ キ石　ウ クロウンモ
エ カンラン石　オ チョウ石　カ カクセン石

3 次のア～カの岩石について，あとの問いに答えましょう。

ア 流紋岩　イ せん緑岩　ウ 玄武岩
エ 安山岩　オ 斑れい岩　カ 花こう岩

(1) ア～カから，火山岩を3つ選びましょう。 **ア，ウ，エ**

(2) (1)の岩石のうち，無色鉱物をもっとも多くふくむものを選びましょう。 **ア**

(3) ア～カから，深成岩を3つ選びましょう。 **イ，オ，カ**

(4) (3)の岩石のうち，有色鉱物をもっとも多くふくむものを選びましょう。 **オ**

ステージ 42

地震のゆれの伝わり方

地震の2つの波を覚えよう!

1 地震計の記録を示す次の図の①～③にあてはまる語句を入れましょう。

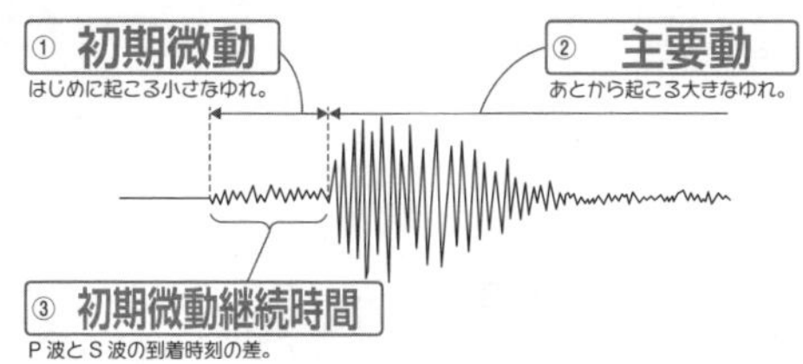

2 次の問いに答えましょう。

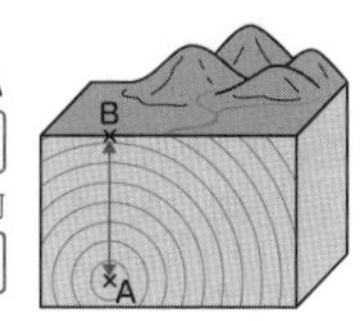

(1) 右の図のAは，地震が発生した地下の場所です。Aを何といいますか。 **震源**

(2) 右の図のBは，Aの真上の地表の地点です。Bを何といいますか。 **震央**

3 次の問いに答えましょう。

(1) 地震のゆれで，はじめに起こる小さなゆれを何といいますか。 **初期微動**

(2) (1)のゆれを起こす波を何といいますか。 **P波**

(3) (1)のゆれのあとに起こる大きなゆれを何といいますか。 **主要動**

(4) (3)のゆれを起こす波を何といいますか。 **S波**

(5) (2)の波と(4)の波の到着時刻の差を何といいますか。 **初期微動継続時間**

ステージ 43

地震の規模とゆれ

震度とマグニチュードをおさえよう!

1 次の図を見て，①，②にあてはまる語句を入れましょう。

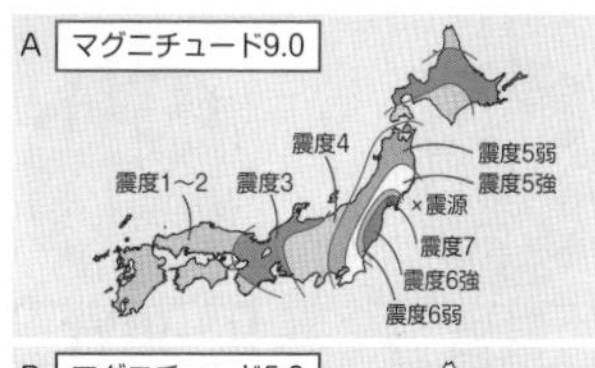

●A，Bの震度の分布から，震源から遠いほど震度が ① **小さ** くなることがわかる。

●A，Bの震度を比べると，マグニチュードが大きいほうが，ゆれる範囲が ② **広い** ことがわかる。

2 次の問いに答えましょう。

(1) 地震のゆれの大きさを表したものを何といいますか。 **震度**

(2) (1)について正しいものを，ア～ウから選びましょう。 **イ**

ア 0～7の8段階に分けられている。
イ 0～7の10段階に分けられている。
ウ 1～7の10段階に分けられている。

(3) 地震の規模は何で表されますか。カタカナで答えましょう。 **マグニチュード**

(4) (3)が1大きくなると，エネルギーは約何倍になりますか。次のア～ウから選びましょう。 **ウ**

ア 3倍　イ 8倍　ウ 32倍

ステージ 44
地震が起こるしくみ
地震が起こる場所をおさえよう!

1 次の図の①～③にあてはまる語句を入れましょう。

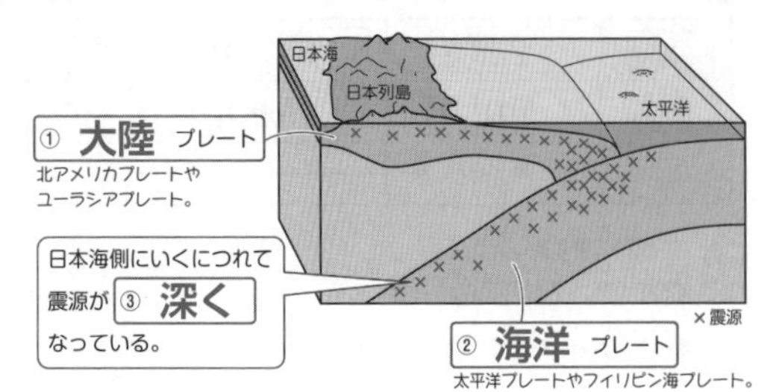

2 次の問いに答えましょう。

(1) 地球の表面をおおっている厚い岩盤を何といいますか。
プレート

(2) 地層に力が加わることで，地下の岩石が壊れて生じる大地のずれを何といいますか。
断層

(3) 今後も活動する可能性がある(2)を何といいますか。
活断層

3 日本付近で起こる地震について説明した次の文の①，②に語句を入れましょう。

日本付近のプレートの境界では，［①］が［②］の下にしずみこみ，［②］がゆがみにたえ切れず反発して地震が発生する。

① **海洋プレート**　② **大陸プレート**

ステージ 45
地層のでき方
土砂の積もりやすさをおさえよう!

1 次の図の①～③に，れき，砂，泥のうち，あてはまるものをそれぞれ入れましょう。

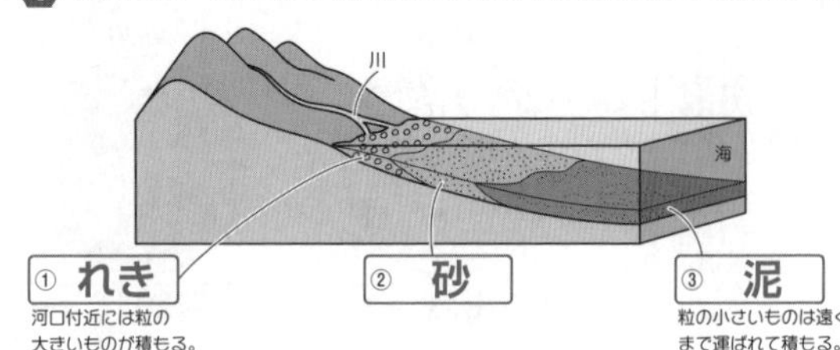

2 次の問いに答えましょう。

(1) 岩石が，長い間に気温の変化や風雨によってくずれることを何といいますか。
風化

(2) 岩石が，雨や流水のはたらきによってけずられることを何といいますか。
侵食

(3) れきや砂，泥などが，川などの水のはたらきによって運ばれることを何といいますか。
運搬

(4) れきや砂，泥などが，平野や海岸などに積もることを何といいますか。
堆積

(5) れき，砂，泥のうち，粒の大きさがもっとも大きいものはどれですか。
れき

(6) れき，砂，泥のうち，もっとも遠くまで運ばれて堆積するものはどれですか。
泥

ステージ 46
堆積岩
地層の中の岩石を調べよう!

1 次の図の①～③にあてはまる堆積岩の名称を入れましょう。

●土砂が堆積してできた堆積岩

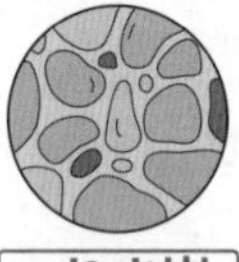
① **れき岩**
2mm 以上の粒からなる。

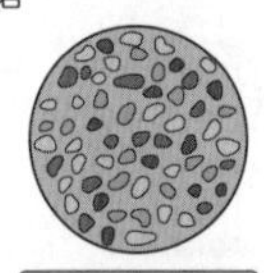
② **砂岩**
$\frac{1}{16}$ mm～2mm の粒からなる。

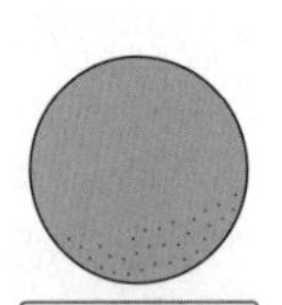
③ **泥岩**
$\frac{1}{16}$ mm 以下の粒からなる。

2 次の問いに答えましょう。

(1) 堆積した粒などがおし固められてできた岩石を何といいますか。
堆積岩

(2) れき岩，砂岩，泥岩は，岩石をつくる粒のどのようなちがいによって区別されますか。次の**ア**～**ウ**から選びましょう。
イ

ア 粒のかたさ　**イ** 粒の大きさ　**ウ** 粒の色

(3) 生物の死がいなどが堆積してできた岩石で，うすい塩酸をかけると気体が発生する岩石は何ですか。
石灰岩

(4) (3)で発生した気体は何ですか。
二酸化炭素

(5) 生物の死がいなどが堆積してできた岩石で，うすい塩酸をかけても気体が発生しない岩石は何ですか。
チャート

(6) 火山灰などの火山噴出物が堆積してできた岩石を何といいますか。
凝灰岩

ステージ 47
化石
化石からわかることをおさえよう!

1 次の図の①～④にあてはまる語句を入れましょう。

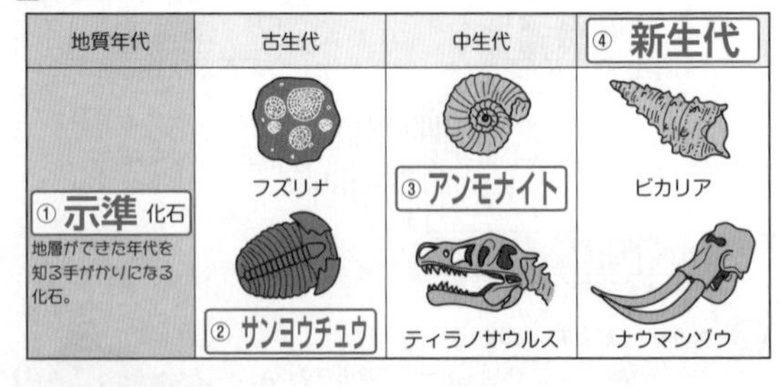

2 次の問いに答えましょう。

(1) 地層ができた当時の環境を知る手がかりになる化石を何といいますか。
示相化石

(2) サンゴの化石が発見された地層は，堆積した当時どのような環境であったと考えられますか。次の**ア**～**ウ**から選びましょう。
ア

ア あたたかい浅い海　**イ** やや寒い気候の土地　**ウ** 河口や湖

3 次の問いに答えましょう。

(1) 地層ができた年代を知る手がかりになる化石を何といいますか。
示準化石

(2) ビカリアの化石が発見された地層は，いつ堆積したと考えられますか。次の**ア**～**ウ**から選びましょう。
ウ

ア 古生代　**イ** 中生代　**ウ** 新生代

ステージ 48

地層から読みとれること

地層や大地の歴史を読み解こう!

1 次の図の①～④にあてはまる語句を入れましょう。

堆積した当時，① **火山の噴火** があった。

堆積した当時の環境は，② **浅い海** だった。

堆積した地質年代は，③ **中生代** である。

地層は，ふつう下の層ほど ④ **古い**。

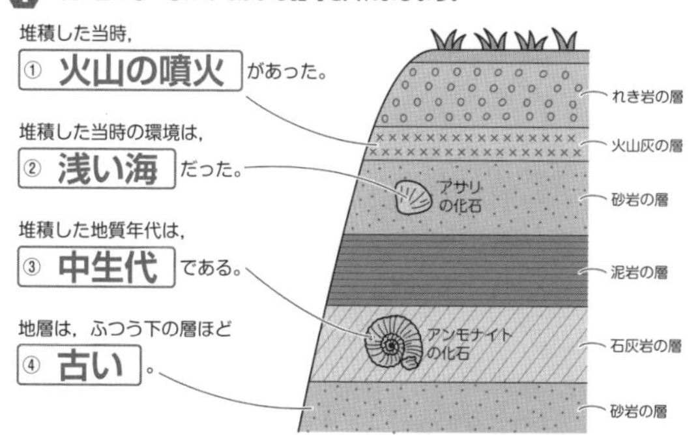

2 図は，あるがけに見られた地層です。次の問いに答えましょう。

A 泥岩の層
アンモナイトの化石
B 砂岩の層
C れき岩の層
D 火山灰の層
E 石灰岩の層
F 砂岩の層

(1) A～Fのうち，堆積した当時，火山の噴火があったと考えられる層はどれですか。 **D**

(2) Bにアンモナイトの化石が見られます。このような示準化石から推定できることは，ア，イのどちらですか。 **イ**

ア Bが堆積した当時の環境　　イ Bが堆積した年代

(3) A～Fのうち，もっとも古い層はどれですか。 **F**

ステージ 49

大地の変動

地層の曲がりとずれを調べよう!

1 次の図の①，②にあてはまる語句を入れましょう。

① **しゅう曲**
地層に力が加わってできた曲がり。

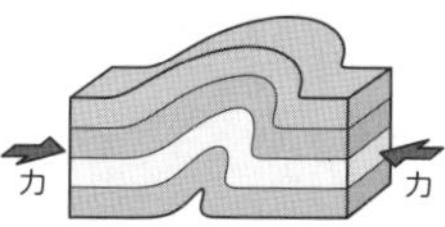

② **断層**
地層に力が加わってできたずれ。

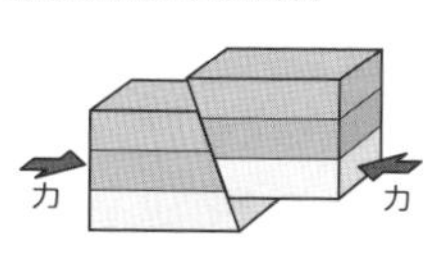

2 次の問いに答えましょう。

(1) 大地に大きな力が加わって，大地がもち上がることを何といいますか。 **隆起**

(2) 大地に大きな力が加わって，大地がしずむことを何といいますか。 **沈降**

3 次の問いに答えましょう。

(1) Aのような地層のずれを何といいますか。 **断層**

(2) Aは，地層にどのような力がはたらいてできましたか。次のア，イから選びましょう。 **イ**

ア 両側からおす力
イ 両側から引っぱる力

(3) Bは，地層にどのような力がはたらいてできましたか。(2)のア，イから選びましょう。 **ア**

A 地層のずれた向き

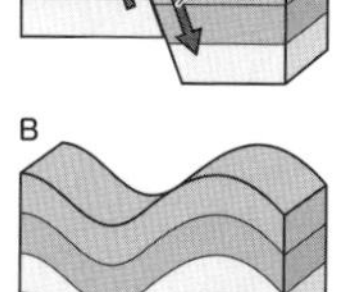

B

ステージ 50

自然の恵みと災害

火山災害や地震災害をおさえよう!

1 次の図は，災害から身を守るための情報やしくみを表したものです。①，②にあてはまる語句を入れましょう。

① **ハザードマップ**
火山の噴火や地震による津波，洪水などの災害予測図。

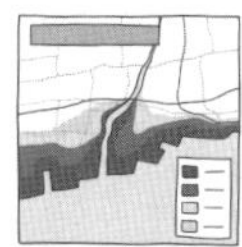

② **緊急地震速報**
大きな地震が発生したときに，主要動の発生時刻や震度を予測して知らせるシステム。

2 次の問いに答えましょう。

(1) 火山による恵みにはどんなものがありますか。1つ書きましょう。 **温泉**
「美しい景観」なども正解。

(2) 震源が海底にあったとき，その上にある海水が急にもち上げられて発生することがある現象を何といいますか。 **津波**

(3) 地震のゆれによって，土地が急に軟弱(なんじゃく)になったり，地面から土砂や水がふき出したりする現象を何といいますか。 **液状化(現象)**

(4) 火山の噴火や地震による被害を少なくするために作成された，被害が想定される地域や避難場所，避難経路などの情報を入れた地図を何といいますか。 **ハザードマップ**

(5) 地震発生直後に，大きなゆれがくることを事前に知らせる予報を何といいますか。 **緊急地震速報**

確認テスト 4章

1 (1)溶岩　(2)A　(3)B

解説 (3)噴火のようすは，マグマのねばりけが強い(大きい)ほど激しくなる。

2 (1)A　(2)斑晶　(3)等粒状組織　(4)ウ

解説 (1)火山岩は，石基の間に斑晶が散らばったつくりをしている。
(4)黒っぽい火成岩は玄武岩と斑れい岩で，玄武岩は火山岩，斑れい岩は深成岩。

3 (1)X　(2)主要動　(3)6秒
(4)B　(5)震度

解説 (3)初期微動継続時間は，P波とS波の到着時刻の差で，図のXで示した初期微動が続く時間である。
9時16分18秒－9時16分12秒＝6秒

4 (1)断層　(2)イ　(3)(火山の)噴火

解説 (2)アンモナイトは，中生代に栄えた生物である。